基于生态系统服务的空间规划
——实践应用创新与挑战

[意]西尔维娅·龙基(Silvia Ronchi)　著

王德刚　孙　丽　吕兑安　姜思远　译

海洋出版社

2021 年·北京

图书在版编目（CIP）数据

基于生态系统服务的空间规划：实践应用创新与挑战／（意）西尔维娅·龙基 (Silvia Ronchi) 著；王德刚等译. — 北京：海洋出版社，2021. 11

书名原文：Ecosystem Services for Spatial Planning：Innovative Approaches and Challenges for Practical Applications

ISBN 978-7-5210-0852-4

Ⅰ. ①基… Ⅱ. ①西… ②王… Ⅲ. ①生态系-服务功能-空间规划-研究 Ⅳ. ①Q147

中国版本图书馆 CIP 数据核字（2021）第 234932 号

图字：01-2022-4011

First published in English under the title

Ecosystem Services for Spatial Planning：Innovative Approaches and Challenges for Practical Applications

by Silvia Ronchi, edition：1

Copyright © Springer International Publishing AG, part of Springer Nature，2018*

This edition has been translated and published under licence from Springer Nature Switzerland AG. Springer Nature Switzerland AG takes no responsibility and shall not be made liable for the accuracy of the translation.

All Rights Reserved.

责任编辑：高朝君
责任印制：安　淼

海洋出版社 出版发行

http：//www. oceanpress. com. cn

北京市海淀区大慧寺路 8 号　邮编：100081

鸿博昊天科技有限公司印刷

2021 年 11 月第 1 版　　2021 年 11 月北京第 1 次印刷

开本：787mm×1092mm　1/16　印张：10.5

字数：181 千字　定价：98.00 元

发行部：010-62100090　邮购部：010-62100072

总编室：010-62100034　编辑室：010-62100038

海洋版图书印、装错误可随时退换

序　言

本书研究了生态系统服务（ES）与空间规划之间的关系及将这两个概念和方法整合的可能形式。规划中需要用一种精确的方法给出生态系统服务应用的重要性依据，以此来辅助决策过程，因为生态系统服务的地位取决于它在空间规划中的重要性。

近年来，通过相关研究并结合现有的技术方法，关于基于生态系统服务的相关空间规划知识有所增加。然而，大部分尝试仍然局限于空间规划的某些特定方面，或者在多数情况下，只集中在现有工具中的部分功能中。虽然这些尝试在提升现有规划体系方面必不可少，但不会真正影响规划过程，仅作为在规划过程中使用的工具。生态系统服务的融合需要在规划过程中提供操作框架，而该框架目前仍处于起步阶段，因此无法将其完全纳入规划中。

本书基于该框架，探究了造成上述问题的原因，并提出了将生态系统服务纳入规划流程以支撑决策者进行决策的建议。本书提出了一项确保将生态系统纳入规划过程的建议，使用限制、减轻和补偿土壤封闭与土地征用过程的渐进策略。这项策略在实际应用中得到了验证，并进一步说明了其应用结果、局限性、使用条件和未来发展趋势。

本书理念是进一步讨论的起点，也是后续所有必须考虑的因素的共同基础。它致力于从方法、手段、实践经验方面提出处理生态系统服务问题时必须考虑的重要因素。其中探讨的问题涉及尺度、评估方法和生态系统服务的管理。每个主题的研究都需要从规划角度考虑，因此要将规划和国土空间管理形成一个框架。本书结尾以两种方式介绍了生态系统服务评估和映射的经验：前半部分主要列举了作者收集的一些实际案例，以此验证生态系统服务评估或映射在支撑规划中的直接应用、存在的问题及可能的改进方案；后半部分介绍了在规划中应用生态系统服务的影响因素等内容。

本书的最后几章提出了关于执行方面的建议，称为"重启生态系统服务（RES）"。在这一部分中，作者通过定义一种（循序渐进的）方法——将前一部分所有内容融合起来以尝试解决或改善某些关键问题（如尺度问题、生态系统服务评估方法和生态系统服务集成工具），以此将生态系统服务应用作为规划的重要支撑。本书解释了该方法每一个步骤的理论部分和实际应用，以便为所有"全过程"提供更多的经验并验证重启生态系统服务。

总之，本书从社会对生态系统服务的正确认识和关注度的角度出发，对生态系统服务和规划的内在关系提供了批判性思维。

[意] 西尔维娅·龙基

前　言

空间规划中的新领域：
基于生态系统服务方法带来的挑战

生态和环境问题日益成为当前国土空间和城市规划优先考虑的重点问题。不仅因为当前世界上的城镇人口比例已经过半（到 2050 年，这一比例预计为 75%），从而给人们的生活质量带来越来越大的压力，更主要的是，空间规划模型需要再次以高代价的城市发展策略为基础。持续城市化正对自然资源（空气、水、土壤）的可持续利用造成不可逆转的影响，尤其是在水文地质结构、空气质量、土壤脆弱性、食品安全、气候变化以及整个人类的福祉等方面。

城市规划需要承担以下角色：（1）能够为当代城市和国土空间发展面临的新挑战提出不同的解决范例；（2）为重新确定空间治理议程，基于对现状社会动态和关键环境、生态与气候问题的理解提出新的规划方法；（3）为维护和重建城市环境以及城市和区域开放空间网络设计提出创新方法。该方法关注开放空间的设计与规划中的结构特征调整，目的在于限制城市化扩张和土地征用现象，为城市高质量发展展现新的生态、环境和景观特性。

不过，针对城市化对自然资本的影响，我们需要采取综合性手段，不仅要考虑城市化现象的社会因素、经济因素及生态因素，还要考虑诱发因素、压力和上述过程的相互依赖性。因此，这种革新性的规划典范亟须对各类跨学科研究方法有一个清晰的认识，例如环境学、水科学、土壤学、生态学等这些在传统规划过程中扮演相对次要角色的学科，将在后续确定土地利用策略时占据更为重要的地位。从这个意义上讲，将生态系统服务

1

(ES) 思维整合到空间规划中被认为是一种独创性的方法。在决策过程中考虑生态系统服务评估，可以起到提升环境管理能力、加强规划弹性及可持续性的作用。同时，生态系统服务作为一种有效的集成方法，已经得到证明并经过较为详尽的论述。

由于土地征用过程导致生态系统服务明显恶化，我们需要理解内在驱动因素以及这些变化对未来动态模型的影响，并在制定可持续管理政策时考虑如何阻止自然资源进一步减少。空间规划为土地利用及用地功能提供了一个规范框架，同时也提供了涉及用地性质转换或改变的分区规划条件以及城市转型。空间规划决策带来的影响应该包括对生态系统服务性能、现状条件、变化趋势的评估，并提供防止生态系统服务性能下降及功能流失、保护并增强生态系统服务性能的解决方法或策略。

《基于生态系统服务的空间规划》一书探讨了规划与生态系统服务之间的动态关系，重点介绍了限制或阻止两者相互作用的关键因素，并对确保如何在规划中实施生态系统服务评估，以及如何将生态系统服务应用于规划等方面，提出了切实可行的解决方案。

从全球到地方尺度，生态系统服务映射已经成为一种指导和支撑生态系统服务决策的关键工具。映射的重要性得到了公众认可，即使它只是一个"专家端"工具，但在确保生态系统服务提供包括精准信息的高质量图件方面起到了至关重要的作用。这使得评估生态系统服务现状及未来发展趋势（主要是空间分布）的软件或工具研发得到了蓬勃发展。本书强调了规划过程中影响生态系统服务集成的关键因素。生态系统服务中最为重要的一项议题就是找到能够"解开乱麻"的钥匙。

在生态系统服务应用过程中，需求和管理尺度之间的"不对等"或"不匹配"被认为是导致自然资源管理失败（作为环境冲突的诱因）的重要原因之一，这也是空间规划中应用生态系统服务方法的一个最为关键的问题。

对尺度定义的研究表明，生态系统服务评估必须考虑生态系统过程，从而确保商品和服务的供给，并且参考尺度对于任何生态系统服务评估和环境变化分析来说都是至关重要的。

为了解决不匹配问题，我们需要在提供生态系统服务的生态过程和规划管理尺度之间进行调整。采用多尺度方法可能有助于跨过这一关键问题，或者至少可以减少该问题造成的影响。

由于在决策过程中通常没有包括或充分考虑生态系统服务评估和映射，因此，在规划和评估过程中必须同时对映射和尺度问题进行研究。当前，即使对生态系统服务的映射和评估有了重要的见解，但是注重将生态系统服务一体化评估纳入规划过程中的案例仍很少。在实际操作过程中，生态系统评估的概念并不为人所知，在决策阶段也还没有被公众所接受，这也限制了其在一体化方面的发展。

由于历史、社会、文化和环境方面以及动态因素的混合影响，在采用"景观"作为逻辑设置时，生态系统服务评估的尺度失衡为其提供了一种可能的解决方案（或适当的折中方案）。从这个意义上来说，"景观方法"允许超越其专注于保持景观结构统一性的限制。此外，景观度量标准可以帮助评估受益区域与服务供应地区的相互作用关系。

除了尺度问题，本书中还提出了其他关键性观点：在战略环境影响评价（SEA）中纳入生态系统评估考量的重要性。战略环境影响评价为将生态系统评估正式纳入决策流程和规划，以及采用生态补偿方法来重新定义和优化土地利用提供了机会。我们可将生态补偿方法看作一种保持或恢复特定区域中土壤全部或大部分功能的有效手段。

本书最后部分解释了这些考虑因素，其中包括名为"重启生态系统服务"（RES）的实用建议方法。

重启生态系统服务为我们提供了一种可操作的方法，该方法可用于评估基于生态系统服务消耗（ESC）的规划决策所产生的土地利用及土地覆被（LULC）变化的生态平衡（基于生态系统服务能力），并作为多功能质量指标，预测土地利用过程中对土壤提供的生态系统服务的环境影响。

生态系统服务消耗评估已被成功纳入欧洲委员会建议的土壤封闭和土地征用控制三项逐级递增的分级操作（限制、缓解和补偿）中。重启生态系统服务将在此框架准则中发挥作用，通过提出切实可行的建议落实上述三项要求。欧盟及欧洲各个国家及地区都已经将这种评估方法纳入使用范畴，但由于实际应用过程中缺乏相应的工具、程序及方法，如今尚未在城市规划中得到真正应用。

考虑到土地利用及土地覆被变化对生态系统服务消耗的影响，目前使用了一种循序渐进的方式预测城市转型中的土地利用及土地覆被和生态系统服务消耗加权平均值之间的相关性，并给出了限制门槛。而对于应采取何种缓解或补偿措施方面，则考虑了转型地区的城市规划参数。战略环境影响评价可以被当作一种工具，以保证在规划过程中使用生态系统服务和重启生态系统服务的方法，这取决于重启生态系统服务的每一步都能够以系统集成的方式匹配战略环境影响评价的流程。此外，重启生态系统服务作为沟通规划和战略环境影响评价的桥梁，可以提升两方流程的效率。通过考虑战略环境影响评价，我们可以确保将重启生态系统服务方法切实可行地整合到规划过程中，并在规划的主要阶段发挥重要作用，为规划策略的确定和备选方案的评估提供有力的支撑。

情景分析是影响评估的一个典型框架，由于未考虑合理的备选方案，其作为环境评估中反复出现的关键问题之一而备受批评。

重启生态系统服务为备选的情景分析方案提供了一致性，并通过案例样本研究对其进行测试，突出了预测和掌握生态系统服务当前趋势和未来变化的可能性。

重启生态系统服务的应用提供了对生态系统服务消耗的预期影响的事前评估，并提供了适宜的补偿措施，从而有了量化干预措施所需经济成本的可能性。从这个角度上讲，生态系统服务的评估和映射作为一项创新，其综合贡献可能与当代规划的新型建筑，绿色基础设施（GI）的建设有关。鉴于绿色基础设施属于建筑设计领域，执行与国土空间特征和空间尺度有关的许多不同功能，在执行既定的生态网格方法或传统规划方式以确保生物多样性和自然空间之间联系的同时，绿色基础设施超越并重新调整了网格概念。根据自然空间的不同等级、可达性和生态系统条件，重新划分了城市和近郊开放区域和空间。这不仅影响了支持自然的结构，也影响了以渗透率和孔隙率为指标的生物土壤循环调节。这种土壤保护及保值方式基于土壤的实际功能，进而在调节、支持、供给和文化服务、城市生物多样性，以及基于自然的解决方案等方面提供多种效益。

　　运用绿色和灰色基础设施概念这种创新方法的潜力对规划来说变得越来越重要，这些网格可以塑造当代城市和地域结构的新框架。在该框架中，开放空间系统（公共和私人）、城市和郊外地区、农业和天然土壤被整合为一个以生态为导向且具有社会包容性的休闲型和环境友好型项目。此外，绿色基础设施还使对该项目采用"标量"方法进行实践成为可能，也就是说，大尺度的绿色网格设计被分解成了社区层面和地方层面，从改善生活质量的共同愿景出发，激活管理模式和本项目的社会共享形式。

米兰理工大学建筑与城市研究系

城市规划副教授

安德里亚·阿尔奇迪亚科诺

目　录

第一章　生态系统服务与规划 ……………………………………………… 1

1.1　定义、分类和方法 …………………………………………………… 1

1.2　集成的重要性 ………………………………………………………… 9

　　1.2.1　土地利用变化和土壤生态系统服务 ……………………………… 9

　　1.2.2　空间规划、土地利用管理和影响评价 ………………………… 19

　　1.2.3　战略环境影响评价 ……………………………………………… 21

　　参考文献 ……………………………………………………………… 23

第二章　机理、方法和创新经验 ………………………………………… 30

2.1　生态系统服务的尺度依赖 …………………………………………… 30

　　2.1.1　生态系统服务管理的尺度 ……………………………………… 37

2.2　生态系统服务评估 …………………………………………………… 42

　　2.2.1　映射的重要性 …………………………………………………… 46

2.3　生态系统服务管理 …………………………………………………… 49

2.4　生态系统服务评估和映射的经验 …………………………………… 52

　　参考文献 ……………………………………………………………… 74

第三章　规划和评估过程中的生态系统服务整合 ……………………… 81

3.1　重启生态系统服务的应用（以米兰大都市区为例） ……………… 82

3.2　循序渐进的方法理论 ………………………………………………… 87

　　3.2.1　尺度的定义 ……………………………………………………… 87

　　3.2.2　生态系统服务映射 ……………………………………………… 89

　　3.2.3　生态系统服务能力 ……………………………………………… 99

　　3.2.4　土地征用过程对生态系统服务能力的影响评估 …………… 100

　　3.2.5　管理土地征用过程的渐近措施 ·············· 104

　　3.2.6　结束语 ·············· 129

　参考文献 ·············· 131

第四章　重启生态系统服务方法在战略环境影响评价中的应用 ·············· 134

4.1　重启生态系统服务方法的验证 ·············· 138

4.2　缓解和补偿措施的经济可行性 ·············· 147

4.3　结　果 ·············· 150

　参考文献 ·············· 151

结　论 ·············· 153

第一章　生态系统服务与规划

摘要： 生态系统服务（ES）的内涵是生态系统为人类福祉提供服务，其概念综合了前人对生态系统服务分类和应用方式等研究成果。生态系统服务的概念与土地利用及土地覆被变化紧密相关，因为全球环境条件的衰退和生物多样性的降低影响了生态系统服务的供应。需要针对这种普遍的衰退情况建立一种管理系统，以保证生态系统服务能够长时间、可持续地交付及使用。因此，生态系统服务信息是支撑空间规划过程的基础，而战略环境影响评价可以用作在可持续土地利用管理规划中集成生态系统服务的工具。

过去的 50 年中，人类比历史上其他任何时期更迅速、更广泛地改变和改造了生态系统，预计未来会产生更广泛的影响（Daily，1997；Millennium Ecosystem Assessment，2005）。这些影响大多与土地利用及土地覆被（LULC）变化及其对相邻土地的影响有关。土地利用类型变化已被认为是导致全球环境条件衰退的主要因素之一（Foley et al.，2005），同时也是生物多样性降低的主要驱动力（Vitousek et al.，1997）。土地利用及土地覆被变化被认为是自然资源和环境系统状态及特征的最显著的表征指标之一。

土地利用及土地覆被可能提供的生态系统服务被公认为是在环境管理中将人类与自然系统联系起来的必要框架（Vitousek et al.，1997），可用于指导空间规划朝着更可持续的方向发展（Pileri and Maggi，2010）。在维持、保护和管理自然资源方面，生态系统服务评估的落实可有效支撑规划过程中关于社会结构及政策的选择（Farber et al.，2002）。

1.1　定义、分类和方法

根据意大利第 124/1994 号法律批准的《联合国生物多样性公约》①（the United Nation Convention on Biological Diversity）中第 2 条对生态系统的定义，"'生态系统'是指植物、动物和微生物群落及它们的无生命环境作为一个生态

---

① http：//www.cbd.int/ecosystem/principles.shtml.

单位交互作用形成的一个动态复合体"，每个生态系统都包含生命（生物）及非生命（非生物）成分（资源）、阳光、空气、水、矿物质和营养元素之间的复杂关系。物种的数量、质量和多样性（包括丰富性、稀有性和唯一性）在特定的生态系统中都起着重要的作用。生态系统常常以某些物种或者种群作为其功能中心，实现一些特定功能，例如授粉、落叶、放牧、捕食、传播种子或固氮。生态系统的功能取决于地球系统过程，这些过程指生态系统中发生的变化或反应（物理、化学或生物变化）以及分解、生产、营养循环以及养分和能量通量的变化（Millennium Ecosystem Assessment，2005）。生态系统功能被定义为生态系统直接和/或间接地提供满足人类需求的商品和服务的能力，称为生态系统服务。生态系统服务的提供取决于生物物理条件以及因人为因素导致的时间和空间变化（Burkhard et al.，2012）。从上述意义而言，这两个概念（功能和服务）是不同的。生态系统功能是世界生物群落中的各个动植物群落中发生的自然过程或特有的能量交换（例如，死去的有机物被分解为腐殖质），而生态系统服务则与生态系统能够直接为人类福祉提供多少商品和服务的能力有关（例如，有机物分解产生的腐殖质，可在一些获批用作农业用途的地区作为天然肥料）。

在科学文献中，生态系统服务通常定义为"人类从生态系统功能中获取的利益"（de Groot et al.，2002；Millennium Ecosystem Assessment，2005），或"生态系统为人类福祉作出的直接和间接的贡献"（TEEB，2009）。至少，生态系统服务是使人类能够在生态系统中得以生存的一系列过程和条件。如前文所述，"服务"一词仅在其功能能够为人类带来利益时才与生态系统有关；这一概念有助于理解人类与环境的关系，以及人类福祉对生态系统功能的依赖性。

长期以来，生态系统服务的定义一直是学术辩论的中心。生态系统服务的概念可能源于马什，他提出了地中海地区土壤肥力的变化，暗示地球的自然资源并非无穷无尽（Marsh，1864）。他的发现直到20世纪40年代后期才得到关注。随后，生态系统服务的概念在20世纪70年代发生了改变，其概念与生态系统功能中有益于社会的功利主义框架有关，而且那段时间，学术界对"自然的服务"的概念也进行了讨论。

按照时间顺序，1970年，由麻省理工学院（Massachusetts Institute of Technology，MIT）发起的"关键环境问题研究"（Study of Critical Environmental Problems，SCEP，1970），在《人类对全球环境的影响》报告中，首次研究了生态系统在提供服务方面的功能。

最初，学者们使用"环境功能/服务"一词描述现在被称为生态系统服务的概念。1992 年，德格鲁特建议将环境服务定义为"自然过程和成分（直接或间接地）为满足人类需求而提供物品和服务的能力"（de Groot，1992）。这些物品（如资源）通常由生态系统的组成部分（植物、动物、矿物质等）提供；服务（如废物循环）通常由生态系统过程（生物地球化学循环）提供。

从分类研究初期开始，德格鲁特就多次在他的研究中遇到了生态系统服务问题。2002 年，德格鲁特、威尔逊和博曼斯（de Groot et al.，2002）将生态系统服务的 4 个类别（调节功能、生境功能、生产功能、信息功能）扩展为 23 个，并且在假设生态系统过程和服务之间并非一一对应而是复杂且相互关联的条件下，更新了生态系统服务的概念。最近，在 2006 年，德格鲁特在这 4 个类别的功能之外又引入了另一个类别——支持功能。他认为，作为一种物理支撑，"这种支持功能通常涉及自然生态系统的永久转换，因此，自然系统为可持续发展提供支持功能的能力通常是有限的（除了一些特定种类的迁移农业和水陆运输，由于规模比较小，可能不会对生态系统产生永久性的损害）"（de Groot，2006）。

除了德格鲁特的研究，1990 年，皮尔斯和特纳在进行"关键自然资本"项目（CRITING project—CRITIcal Natural Capital）研究时，将环境功能划分为源头、汇聚和服务功能（Pearce and Kerry Turner，1990）。

同时，诺埃尔和奥康纳定义了"5S"理论（Noël and O'Connor，1998），将上述类别的最后一项划分为自然景观功能、栖息地和生活支持功能，以便界定"自然系统为支撑经济活动和人类福利而提供的特定角色或服务"。

1997 年，科斯坦萨将德格鲁特提议的类别重组为以下 17 个服务：气体调节、气候调节、干扰调节、水体调节、水供应、水土保持、土壤形成、营养循环、废物处理、授粉、生物控制、栖息地、食物生产、原材料、遗传资源、娱乐和文化（Costanza et al.，1997）。1999 年，戴利提出了一个生态系统服务框架，建议按照物品生产、再生过程、稳定过程、生命支撑功能、保留选择进行分类（Daily，1999）。

在此之前，关于生态系统服务的不确定性与其定义和分类有关，国际争论的重点是为生态系统服务的命名和定义提供通用的参考标准。下文我们将要解释，在明确了生态系统服务的定义之后，争议中心就转移到了另一个问题上：生态系统服务映射。

21 世纪初，考虑到生态系统服务分析可以指导决策者，各类国际项目的实施都开始依靠生态系统服务评估。首先，千年生态系统评估（Millennium Eco-system Assessment，MA）是联合国秘书长科菲·安南在 2000 年提出的一项于

2001—2005 年进行的项目，其目的是评估生态系统变化对人类福祉的影响，同时也为加强生态系统保护和可持续利用以及其对人类福祉作出的贡献提供科学依据（Millennium Ecosystem Assessment，2005）。

千年生态系统评估是一项全球评估，旨在为不同层级组织提供更好的决策，34 个区域、国家和地区尺度的评估（或亚全球评估）作为核心部分被纳入本项目。该评估对为人类带来福祉的 4 种生态系统服务进行了区分："供给服务是从生态系统获得产品；调节服务是从生态系统过程调节中获得收益，包括气体调节和气候调节；文化服务是人们通过精神充实、认知发展、反思、娱乐和审美等经历从生态系统中获得非物质利益；支持服务是生态系统为所有其他生态系统服务产品提供其所必需的支撑。"（Millennium Ecosystem Assessment，2005）。

前三类服务对人类有直接影响，而支持服务旨在为其他所有服务提供支撑。这些类别与德格鲁特在 1992 年的第一个提案中介绍的分类相似（de Groot，1992），尽管德格鲁特在理论上提出了调节功能，但其中还包含了在千年生态系统评估分类方法中提出的根据其有效性与其他功能相分离且独立的支持功能。在千年生态系统评估项目中，生态系统服务对人类福祉的影响表述清晰且明确，被认为是美好生活、健康、社会关系、安全、选择和行动自由的基本因素。人类被视为生态系统的组成部分。

尽管千年生态系统评估取得了实际成果，但仍然引起了关于生态系统与人类福祉之间联系的国际辩论，"然而，该项目仍无法提供足够的科学信息以回答生态系统服务和人类福祉相关的许多重要政策问题"（Vandewalle et al.，2008）（见图 1.1）。

我们可以通过使用生态系统服务的时间及空间特征实现千年生态系统评估的分类，以明确何时何地获取生态系统服务。2008 年，费希尔（Fisher）和其他学者提出，千年生态系统评估对生态系统服务的定义是指生态系统向社会提供的多种利益，包括有形物品（如食物）、环境调节、文化利益，例如娱乐以及维护生态系统的完整性和弹性（Fisher and Turner，2008）。因此，他们建议将生态系统服务定义为"可以创造人类福祉的生态系统（主动或被动地）的各个方面"，并建议"用常规经济核算系统中表示过程和结果的限定词来指代这些方面。例如，食物供应是最终服务，而授粉则是中间服务，而其利益是提供可以食用的食物。简而言之，生态系统服务是一种可以直接影响人类福祉的生态现象"（Fisher and Turner，2008）。

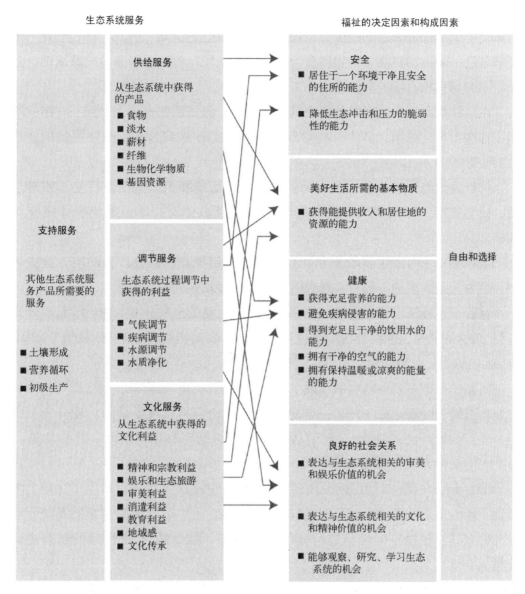

图1.1　生态系统服务及其与人类福祉的联系

资料来源：Millennium Ecosystem Assessment（2005）。

在同一话题上，博伊德和班茨哈夫认为，中间服务、最终服务和利益之间的区别并非严格、死板且固定的，因为服务和预期收益之间通常存在函数关系（Boyd and Banzhaf，2007）。

此外，博伊德、班茨哈夫和华莱士指出，在千年生态系统评估分类中，"终点服务"和"中间服务"概念是在同一分类层面上提出的，因此这种分类不能有效地用于决策（Boyd and Banzhaf，2007；Wallace，2007）。而且，这种分类不能提供可靠的信息和景观管理指南。在这方面，科学界提出了一个以直接消耗生态系统中生态成分为基础的生态系统服务核算系统的框架。因此，有人质疑，需要采取进一步行动将概念框架转变为核算操作系统，将这些服务的核算从理论意义转变为与其相对应的实际意义。

在这种情况下，景观视角便更具有相关性，但该话题直到 20 世纪 90 年代后期才首次出现在德国，其中一些景观调查的分类方法都是基于德格鲁特的文章"自然功能"（de Groot，1992）。

景观理论与土地评估、景观功能以及自然潜能相关，其以包括生物物理层面、社会方面，以及审美、精神追求和富足因素有关的生态系统服务机制为基础。

景观是一个考虑生物物理和社会问题的关键概念，需要以多功能方式去考虑，因为人是景观的一部分，景观因其为人类提供的利益而改变。

目前，这种认识已经推进了几项关于人类活动的空间分布如何影响重要景观过程/结构的研究，并将分析景观过程和评估景观功能视为土地利用规划的前提（Hermann et al.，2011）。

例如，巴斯蒂安和施赖伯开发了一个评估景观功能的框架，以支撑可持续的土地利用管理（Bastian and Schreiber，1999）。他们将景观提供的功能分为三大类：生产功能（经济功能）、调节功能（生态功能）和生境功能（社会功能）。每个大类又分为核心功能和子功能。

2007 年，华莱士对生态系统服务中的景观管理及生态过程产生了兴趣，考虑到千年生态系统评估中对生态系统服务的定义，他提出了两种对生态系统服务分类的方法：根据空间特征进行分类以及根据"排他性/竞争性"的状态进行分类。

在此情况下，服务在同等层次上具有"排他性"，因为个体可能无法从这些系统中受益，例如私人市场。相反，把其他所有服务排除在公共物品所提供的利益之外是不可能的，例如空气、太阳能。

同样，商品和服务也被视为具有"竞争性"，因为一个人对某些商品或服务的使用通常会阻碍其他人利用这些收益。出于这个原因，华莱士认为在原始的千年生态系统评估分类中清楚地区分中间（过程）和终点服务非常重要。

科斯坦萨并不完全支持华莱士的假设，他认为生态系统服务不是"终点"，而生态系统过程则是"中间"过程。这种论点是"对复杂现实的过分简化。不可否认，我们居住于一个复杂的世界中，针对不同的目的，我们需要应用不同类别的系统。生态系统是具有非线性反馈、阈值、滞后效应等特征的复杂的、动态的、自适应的系统"（Costanza，2008）。

其他学者研究了合并某些生态系统服务类别的可能性，以试图找到能够达成生态系统服务分类的共识，例如将调节和供给服务这些类别合并为一项单独的调节服务，从而避免了可能出现的理论基础重复（Hein et al.，2006）。近年来，各种思想流派发展出了新的生态系统服务方法，包括映射和空间化方法。

2008 年，生态系统和生物多样性经济学（TEEB）项目定义了生态系统服务中的 22 个分类方法，并将其整合为 4 个大类，与千年生态系统评估分类稍有不同：包括供给、调节和文化服务，以及新引入的称为"栖息地服务"的大类，以取代千年生态系统评估定义的"支持服务"（因为它们并不会直接为社会带来好处）。生态系统和生物多样性经济学分类将这些服务视为"生物物理的结构、过程和功能"。由于该分类存在忽视土壤在提供服务中作用的缺陷，因此未在学术和科学机构中达成共识。

如前文所述，"欧盟生物多样性战略"要求所有欧盟成员国"在 2014 年前绘制并评估其国土范围内的生态系统及其服务状况，以此计算此类服务的经济价值，并在 2020 年将这些价值整合到欧盟和国家一级的统计和报告系统中（目标 2：维护和恢复生态系统及其服务，行动 5：增强欧盟生态系统及其服务的知识）"（European Commission，2011a）。基于上述内容，欧盟成立了"生态系统及其服务的绘制及评估（MAES）"工作组，其主要目的是支持欧盟成员国开展必要的工作。

考虑到各评估项目之间的连贯性和兼容性，并支持将生态系统服务纳入环境统计，生态系统及其服务的映射及评估工作组决定使用生态系统服务国际通用分类（CICES）[①] 方法并将其应用于整个欧洲（Maes et al.，2016）。生态系统服务国际通用分类由欧洲环境署（European Environment Agency，EEA）发起，诺丁汉大学（University of Nottingham）协助，这将使 MAES 工作组能够为欧洲框架内的"生物多样性 2020 战略"分析生态系统服务提供一个更全面、整体的视角。

该倡议还提议在欧盟和国家层面整合生态系统服务的经济价值以及报告系统。该框架还提供了评估中使用生态系统服务分类的交叉引用方式，作为新型生态系统服务分类标准，这一标准与已被接受的分类标准一致，同时还允许与某些统计数据之间进行简单的转换。

---

① http：//cices.eu.

　　这种分类方法包括供给、调节和维护（对应于生态系统和生物多样性经济学项目中定义的调节服务和千年生态系统评估分类中提出的调节和支持服务）以及文化服务，但没有区分千年生态系统评估中最初提出的所谓"支持服务"，因为支持服务被视为组成生态系统的基础结构、过程和功能的一部分（Potschin and Haines-Young，2013）。生态系统服务国际通用分类提供了一个分层系统，该系统虽建立在千年生态系统评估、生态系统和生物多样性经济学的分类基础上，但易于进行统计。

　　总之，有三种国际分类系统可以使用：千年生态系统评估，生态系统和生物多样性经济学和生态系统服务国际通用分类。千年生态系统评估提供了一种已经得到全球认可并用于亚全球评估的分类方式。生态系统和生物多样性经济学提供了基于千年生态系统评估的升级版分类方式，目前用于整个欧洲国家的生态系统和生物多样性经济学研究。最后，生态系统服务国际通用分类提供了一个基于千年生态系统评估、生态系统和生物多样性经济学分类的分层系统，其主要应用于经济核算。

　　根据分类和级别（第三级），生态系统服务国际通用分类将生态系统服务分为三个大类，下面对分类方式进行说明，分级详见表 1.1。

表 1.1　生态系统服务国际通用分类（第 4.3 版"三等级分类"）

大类	分类	组别
供给	营养	生物质
		水
	材料	生物质
		水
	能量	基于生物质的能量资源机械能量
调节和维护	废物、毒性物质以及其他危害物质的调节	生物区的调节
		生态系统的调节
	流量调节	质量调节
		水体调节
	物理、化学、生物条件的维护	生命圈维护、生境和基因池的保护
		病虫害控制
		土壤形成及结构
		水体条件
		大气结构和气候调节

大类	分类	组别
文化	与生物区、生态系统以及土地或海洋景观有关的感官及思想上的相互影响（环境设定）	感官及体验的相互影响
		思想及典型性的相互影响
	与生物区、生态系统以及土地或海洋景观有关的精神、特征性和其他方面的相互影响（环境设定）	精神上和/或特征性
		其他文化性输出

资料来源：Haines-Young 和 Potschin（2011）。

1.2　集成的重要性

1.2.1　土地利用变化和土壤生态系统服务

考虑到人类在过去 50 年中对生态系统的影响以及可预期的更广泛影响（Daily，1997；Millennium Ecosystem Assessment，2005），土地利用及土地覆被（LULC）的变化[①]被认为是导致全球环境状况下降的主要因素之一（Foley et al.，2005），同时也是生物多样性丧失的主要因素（Vitousek et al.，1997）。

在欧洲，环境信息协作计划（CORINE）的土地覆被[②]数据库显示，土地利用变化对土壤造成的巨大影响（European Environment Agency，2006）导致了土壤硬化和土地征用，进而影响了生态系统服务的供给。土地利用及土地覆被的变化及其相关实践会影响自然资本存量，消耗存量的过程以及使用这些存量的生态系统服务流向（Dominati et al.，2010）。在涉及土地利用和土地覆被变更的决策中，了解和使用生态系统服务方法，可能有助于预测因特定的选择或决定而造成的对人类福祉的潜在影响和后果。

土壤是重要生态系统服务的主要贡献者，因为它包括了地球上 1/4 ～ 1/3 的生命体。相比于 80% 的植物，目前仅有约 1% 的土壤微生物被确认并命名（Jeffery et al.，2010）。

由于土壤的再生速度极慢，且承担了多种对社会和生态系统至关重要的功能，因此土壤通常被视为不可再生资源。土壤的再生非常困难、复杂且需要大量

[①]　土地利用及土地覆被的变化主要与从农业/自然地区向人工地表的过渡有关。土地覆被是指土地的物理表面特征（例如，那里发现的植物或存在的建筑物），而土地利用则描述了该土地的经济和社会功能。

[②]　http：//www.eea.europa.eu/publications/COR0-landcover.

的能量供给，恢复土壤也需要很长的时间（Pileri，2007），仅恢复 2.5 cm 厚的退化土壤就需要大约 500 年（Pimentel et al.，2010）。

根据《欧洲土壤生物多样性地图集》估计，"世界上 99% 的食物都来自陆地环境——生长在土壤中的作物以及土地上饲养的牲畜。土壤对塑造我们的星球起到了真正作用。它们可以吸收雨水，并缓冲洪水和干旱的影响。土壤中的碳含量比目前大气中的碳含量多两倍"（Jeffery et al.，2010）。尽管如此，"大多数人并不知道，控制土壤肥力和全球陆地营养循环的土壤生态系统，其主要驱动力是土壤中生命体的数量和质量"（Jeffery et al.，2010）。

土壤生物为维持所有生态系统功能提供了必不可少的各类服务（也被称为"土壤功能"）（Blum，2005；Commission of the European Communities，2006），它们是养分循环、水体净化、水体调节、土壤有机质和结构动态变化、土壤碳固存、温室气体排放的主要驱动因子（Breure et al.，2012）。此外，土壤是为所有陆地生态系统、农业及林业供给服务的基础，也是支撑地球生物圈和人类基础设施的结构性媒介（表 1.2）。

表 1.2　土壤生态系统服务及功能

支持		
1	初级生产	支撑陆地植物	支撑光合自养生物本能
2	土壤形成	土壤形成过程	岩石风化和有机物质的积累
3	养分循环	存储、内部循环和养分过程	固氮及氮、磷生物矿化和循环
供给		
4	居住地	为常住居民和流动人口提供居住地	为土壤动物群落提供洞穴
5	水分存储	水分在地表的停留	孔隙网络中水分的停留、土壤生物化学过程的调节
6	平台	支撑建筑物	支撑房屋、工厂和基础设施
7	食物供应	保障植物生长	保障耕地中的农作物和牲畜
8	生物材料	保障植物生长	生产木材、纤维、燃料
9	原始材料	保障材料来源	表土、矿物质的采集
10	生物多样性和基因资源	独一无二的生物材料和产品来源	医学制品、病原体及害虫中的基因
调节		
11	水质量调节	水体过滤及缓冲	人类消耗的可饮用水源、江河及海洋的生态系统状态

		调节	
12	水供应调节	水利流动调节	水源过剩地区的洪水控制、水源贫瘠地区的灌溉
13	气体调节	大气化学组成调节	二氧化碳/氧气平衡、防护紫外线的臭氧、氧硫化物水平
14	环境调节	全球气候调节	温室气体调节
15	侵蚀控制	生态系统中土壤和胶体的保持	山坡和湿地中的土壤停留
		文化	
16	娱乐	为娱乐活动提供平台	生态旅游、运动
17	认知	为非交流活动提供平台	美学、教育、精神和科学价值
18	传承	掌握关于土地占用和文明的考古资料	考古记载的保存或毁坏

资料来源：Haygarth 和 Ritz（2009）。

1997 年，戴利提出土壤是国家经济地位的重要决定因素之一，将土壤纳入生态系统服务框架、政策制定和决策过程至关重要（Daily，1997）。

其他学者也强调了这一观点，促使建立土壤生态系统服务与土地利用政策之间的联系。土壤生态系统服务显然取决于土壤的特性和特征以及它们之间的相互作用（通过土壤过程）（Robinson et al.，2013；McBratney et al.，2014），这主要受土壤使用和管理的影响（European Environment Agency，2016）。

土壤功能严格取决于土壤的多功能性，每种土壤类型都有着特定的功能。例如，根据土壤的化学、物理和成岩特性，农业气候环境，某些土壤具有比其他土壤更高的燃料或纤维生产能力，而某些土壤在过滤水、存储碳、为生物多样性提供生境等方面的能力有所不同。

土壤履行每种服务的能力取决于其土地利用方式，例如，草原上的固碳率通常比半永久农业地区或农业地区高。

此外，土壤功能是判定土壤质量的基础。根据弗雷沙伊（Vrščaj）等的推论："在对特定土壤进行质量评估时，必须回答的主要问题是土壤发挥着什么功能？它可以发挥什么功能？这些功能是我们想要它发挥的吗？这是土壤的最佳用途吗？"（Vrščaj et al.，2008）。

托特（Tóth et al.，2007）等将土壤发挥职能的能力定义为土壤功能能力（Soil Functional Ability，SFA）。土壤功能能力取决于土壤的内在和外在特性；前者由物理、生物和化学参数（如质地、有机物含量、pH、阳离子交换能力、孔隙率等）决定，后者由自然因素（如坡度、陡峭度）或人为影响（土地利用和管理）决定。除土壤功能能力，土壤响应特性（Soil Response Properties，SRP）代表了土壤对扰动或变化作出响应的能力，被定义为"那些决定了土壤对环境或人为影响作出回应的土壤特性，土壤功能能力因此表示出了土壤的不同潜力"（Tóth et al.，2007）。

土壤功能能力可以被定义为

$$SFA = (F_{i,\,n} \times EF_{i,\,n})/n$$

其中，$F_{i,n}$ 表示功能 i 至功能 n；E 表示功能 i 到功能 n 各自执行的效率或程度；N 表示评估中包含的功能总数。

同样，土壤响应特性可以被定义为

$$SRP = \sum f_{i,\,n}(\sum SC)$$

其中，f 是一个非线性功能函数，用来描述这些影响带来的反应（包括方向和大小），由土壤特征 $\sum SC$ 的总和确定。

两者结合描述了土壤质量（SQ），作为一个在考虑土壤功能性和响应性方面判断土壤是否"良好"的指标。

$$SQI = SFA \times SRP$$

SQI 体现了土壤通过自身性能及应对外部影响响应，从而为生态系统及社会系统提供服务的能力。

换句话说，土壤质量基本上是"适合使用的"（Pierce and Larson，1993），即土壤能够长期有效地发挥其自身性能。以下情况中必须要了解土壤质量：发生在（土壤质量）较好或较差地区的城市转型；土地利用变化如何影响土壤环境条件；发生了土地补偿或修复（Arcidiacono et al.，2015）。

土壤质量会影响环境状况（还会影响空气和水的质量），从而影响生态系统的供给。因此，土壤功能的概念是一种主要以土地利用和管理为目的的土壤质量评估方法，可用于评估土地利用变化对土壤资源的影响。

确实，最常见的用于规划中的生态系统服务映射方法是创建 SQI 的多层分析，这种分析的重点在于研究原始土壤的土地利用过程对生态系统服务供给造成的环境影响（Helian et al.，2011），这尤其需要跨学科的综合分析（Breure et al.，2012）。除了这一指标，还可以通过将每个土地类别的面积乘以系数值从而获得每种土地使用类别的单位面积生态系统服务值。这一分析指标叫作生态系统服务

能力（ESC），可以被定义为

$$ESC = \sum (A_i \times VC_i)$$

其中，ESC 为生态系统服务能力的预测值；A_i 为面积（hm^2），VC_i 为土地使用类别 "i" 的价值系数（Helian et al., 2011; Arcidiacono et al., 2015）。

　　生态系统服务能力与土地利用转换矩阵之间的联系，使我们能够检验土地利用及土地覆被从一种状态变为另一种状态时的转换形式，并能从中获得其组成、持久性、损失、收益和净变化情况。平方转移矩阵（$n \times n$，其中 n 表示土地利用及土地覆被类别的数量）表示在时间 t_1 时土地利用及土地覆被的进入流量（行），以及在时间 t_2 时土地利用及土地覆被的出口流量（列）。

　　矩阵列出了在时间间隔 $\Delta t = (t_2 - t_1)$ 中，在时间 t_1 时某个土地利用及土地覆被经历的变换值（相对于面积）。矩阵的单元格表示从时间 t_1 的覆被类型（a）到时间 t_2 的覆盖类型（b）转换的面积（以 hm 或 m^2 为单位）（Pileri and Maggi, 2010; Pileri, 2012）。

　　有了转换矩阵，我们可以观察到生态系统服务能力的显著变化，包括因特定转换形式（例如，为支持新的城市化土地而减少的农业或自然覆被面积）而造成的损失（从经济或生态角度而言）。

　　新的指标（对于总生态系统服务能力的下降百分比）可以有力地证明土地利用变化和城市化对经济造成的长期影响。即使经过简化，这种方法也可以提高对土地利用变化定性影响的认识，从而提高由于规划选择而引起的关于因果机制的关注。而且，不同土地利用之间的冲突通常也会影响土地覆被的情况，尤其对于一些不透水表面。例如，土地使用变化会影响多种生态系统服务的提供：（1）养分循环、气候调节、侵蚀控制和遗传资源；（2）娱乐活动和机会；（3）气候调节和侵蚀控制；（4）土壤肥力和水资源。

　　土地利用变化导致的两个主要威胁是：

　　土壤硬化，被理解为将开放区域（自然、半自然或农业土地）转变为居住（住宅、工业、第三产业等）或交通功能的土地。换句话说，当土壤被不可渗透的人工材料（如沥青或混凝土）永久覆盖时，提供了大多数生态系统服务的表土则被剥离（Prokop, 2011; European Commission, 2012）。居住区中没有被硬化的区域，如花园、公园和其他城市绿地这样的地区，都是可透水的表面。

　　土地征用过程，欧洲环境局在 2013 年（European Environment Agency, 2013）对其的定义为："农业、森林和半自然或自然的土地，被城市或其他人工工程占有而带来的土地变化。它包括被建筑和城市基础设施占用的区域，以及城市绿地和体育休闲设施。"

因此，土地征用是指随时间推移发生的人造地表（如住宅区域、城市绿地、工业、商业和交通单元、公路和铁路网等）的增加。近年来的土壤硬化已成为土地征用最集中的形式，尽管欧盟人口正在减少，但硬化土地的数量仍在增加（European Commission，2012）。土壤硬化是目前最普遍的土地征用形式，这一点尤其关键，因为土壤覆盖情况强烈影响到土壤圈和大气层之间的交换，而这又决定了土壤及其功能的不可逆恶化。

因此，土地征用涉及的土壤硬化，可能导致土壤生物多样性丧失，进而在生态系统、粮食生产和水体调节中产生连锁反应。

考虑到这两个概念之间的差异，我们几乎可以确定土地征用过程最为危险的结果就是土壤硬化。欧盟定义了土壤受到威胁的八个退化过程（European Commission，2011b）：侵蚀、有机物减少、污染、压实、盐碱化、土壤生物多样性丧失、硬化、滑坡和洪水。这些威胁中的大多数不仅涉及土壤，同时也涉及景观（例如，当地文化和乡村地区传统的丧失、典型农作物和生物多样性的毁坏），因此这些因素也应被纳入考虑范畴。此外，土地利用及土地覆被变化被明确定义为导致全球生态系统、气候、人类领域变化的主要驱动力。土地征用过程与其位置相关性、可达性、社会经济性有关，并由规划标准决定。同时，由于其对碳循环，水循环和微气候、生物多样性、农作物产量（潜在农作物受到日益严重的来自土地征用和土壤硬化的阻碍）方面能造成潜在影响，其最主要的后果是给未来土地开发造成压力（Zoppi and Lai，2014）。考虑到土地征用被理解为将开放区域转换为建筑区域（也包括非硬化区域，例如花园，但因其通过人为干预进行了改变，因此仍被认为是人造的），同时，城市化的影响取决于被征用的土地面积和土地利用强度（包括土壤硬化区域），因此将征地过程看作评估生态系统服务状况和趋势的关键指标十分重要。实际上，土地征用常常被用作土壤硬化的代名词，它中断了土壤圈和大气之间的交换，从而决定了土壤自然功能的变化。最后，土地征用研究方法还包括评估土壤硬化对生态系统服务的影响（不仅对土壤生态系统）以及研究该现象的城市形态（如城市蔓延化、城市集中化等）。生态系统受到的影响取决于由规划有意驱动而形成的城市形态，可能在限制城市扩张造成的影响方面起到作用（Inostroza et al.，2013）。一旦了解了土地利用及土地覆被的变化对生态系统服务供给造成的后果并分析导致这种现象的原因，土地利用及土地覆被变化取决于人为因素，就确定了其对社会和环境的不同影响，且大多是不利影响。土地利用及土地覆被的变化受到多种因素（空间和时间）复杂作用和影响。最初，人们决定将原始的土地形式更改为另一种更可取的形式时，这种独立地块上的土地利用及土地覆被变化主要是为了取得经济和社会利益，但是经常会给环境带来巨大破坏。

综上所述，个体决策（微观尺度上）导致土地利用及土地覆被在更高的空间水平（宏观尺度上）发生了变化，同时也影响了更为广泛的环境、社会经济、制度以及区域的政治环境。与许多其他欧洲国家一样，在意大利，土地利用的变化主要源于地方规划政策或法案，它们规定了当地居民的土地利用方式，并允许城市在"受控"的空间内发展。地方当局理事会负责城市发展和与土地利用方面有关的决策，他们对每一次的土地利用变化负责。

从土地征用现象的定量观点来看，欧盟委员会指出，在 2000—2006 年，欧洲 36 个国家的土地占用量为 111 788 hm²/a。与过去十年间（1990—2000 年）相比，1990—2000 年和 2000—2006 年环境信息协作计划土地覆被数据覆盖的 21 个国家的土地占用率增加到了 53%。在意大利，土地征用与欧盟国家的总体严峻形势相似，也保持着负记录。这种占主导地位的土地征用过程在丹麦（90%）、斯洛伐克（85%）、意大利（74%）、波兰（67%）、德国（65%）和匈牙利（65%）尤为重要，因为此过程损害了耕地和永久性作物、森林、草原和开放空间，牧场和其中的农田也随之减少。

在意大利，同样基于土地覆被卫星遥感技术，在 1990—2000 年，每年人工改造大约 8 000 hm² 土地（European Environment Agency，2013）。意大利在通过土地利用及土地覆被分析土地利用过程中存在很大问题，因为国家层面可用地理数据库是由 ISPRA（Istituto Superiore per la Protezione e Ricerca Ambientale）提供，它并未提供土地利用现象的系统信息，而是提供了土壤硬化的系统信息（基于哥白尼高分辨率层的不可渗透性解译），然而在区域层面却缺少可用的数据库。目前区域层面只有一个数据库可用，且仅有一个阈值，难以对可能的土地利用及土地覆被变化进行时空对比。不同的土地利用及土地覆被分类手段并不符合欧盟层面采用的通用分类方法。

最近，针对这一现象，欧盟提出了一份指南，其中提出了有助于限制、缓解和补偿土壤硬化和土地征用的最佳做法（European Commission，2012）。该指南给出了一些建议和推荐方法，为防止土地利用及土地覆被带来的威胁而提供有效实例，但没有提出有效评估所需的预定义指标。该指南主要针对欧盟成员国的管理部门（国家、区域和地方各级），但也对规划者、土壤管理者、政策制定者和利益相关者有指导作用。其首要目的是让人们意识到土壤和土地提供的重要功能，同时推广好的做法，以保护土壤和土地。

由"限制"入手，即"阻止绿色区域的转化以及随后的（部分）表面封闭，该指南还提供了一个具有标准定义的通用行动框架。重复利用已经建成的区域，例如棕色地块，也包含在此概念中，其目标是将其作为一种监测和激励进步的工具。鼓励出租空置房屋也有助于限制土壤硬化"。

"缓解"一词表示"采取措施去维持生态系统的某些功能，以减少其对环境和人类福祉造成的任何重大的直接或间接的负面影响"；"补偿"一词则表示"当缓解措施不足时，将采取补偿措施用以实现维持或恢复某一地区土壤的总体能力。"

最近在意大利，为了解土地征用过程现象的重要性及其对生态系统的影响，需要考虑很多与土地利用及土地覆被数据相关的因素。一些思考是为了达成对数据来源的可靠性和方法的共识（Romano and Zullo，2014），以及研究如何将其应用到土地使用决策中。考虑到土地征用的实际趋势（不仅在意大利，还包括欧盟的所有成员国），指南不足以防止这种现象，但是明确这种强制性且能够保护土壤这种不可再生资源免受威胁与伤害的措施十分有必要。

在这种情况下，有必要制定一项包含忧患意识的策略，以便最终针对受影响的土壤形成有效而详尽的观点，从而制定适当的政策去减少损失。尽管在欧洲范围内，尚无量化的城市发展用地指标，但不同的文件都建议并提出了更好的规划方法以控制城市增长和基础设施的扩展。例如，欧盟委员会的"资源节约型欧洲路线图"［COM（2011）571］引入一项"到2050年没有净土地占用"的倡议（European Commission，2016），这意味着所有的新城市化都必须在棕色地块上发生，或者任何新占用的土地都要以人造用地复耕的方式来进行补偿。"到2020年，欧盟政策必须考虑到它们对欧盟乃至全球在土地使用上造成的直接和间接影响，并且土地征用的速度正在按照2050年净土地占用量的目标推进。随着受污染地区补救工作的顺利开展，土壤侵蚀减少了，土壤有机质增加了。"如今，出于土壤保护的前提，欧盟政策不承担空间规划责任。

欧盟委员会的安德莉亚·维多利（欧盟委员会农业、森林和土壤部门副主管）在最近一篇论文中解释了欧洲土壤保护的现状以及这种方法存在的问题：

> 　　根据辅助原则，欧盟在土壤和土壤保护领域没有特定的能力……整个欧盟都没有对土壤制定一套全面而一致的规定。只有少数欧盟成员国有专门的土壤法规。欧洲立法框架中包括了与土壤保护有关的某些方

面，欧盟的各种政策大多间接地为土壤的保护作出了贡献，例如在水体、废物、化学药品、工业污染预防，自然保护和农药等方面。对农业土壤的积极影响源自对共同农业政策的遵守，更普遍的是源自欧盟对农村发展的支持措施……现行政策并未涵盖所有土壤类型，也无法整体性解决对土壤的所有威胁。土地管理已经整合到许多政策（农业、森林、水体、废物、工业排放、区域政策等）中，但是由于其"隐性政策性"，在政治决策中并未恰当地将土壤视为脆弱且有限的资源。上述"悖论"则是土壤管理存在的根本问题。实际上，除了缺乏综合且全面的方法，健康土壤管理政策在政治决策中也未得到优先考虑（Vettori，2015）。

很明显，科学家、相关机构和土地管理部门依旧只是边缘化地考虑了土地征用现象（Pileri，2007）。

欧盟层面对土壤保护做出的尝试有所不同。从 2002 年欧盟提出"迈向土壤保护的主题战略"［COM（2002）0179］开始，四年后欧盟又起草了"建立土壤保护框架的指令提案"［COM（2006）0232］。该提案于 2007 年获得欧盟议会的初步表决通过，但随后被"少数阻止派"的成员国（德国、法国、荷兰、英国和奥地利）制止，因此，该提案最终未获通过。不同成员国基于辅助和比例原则反对该提案，并预计会产生费用支出及行政负担。这些少数成员国以"委员会仍致力于保护土壤这一目标，并将研究如何最好地实现这一目标"为由，阻止了土壤框架指令提案的进一步发展，使其一直停留在会议桌上（该提案自 2006 年以来一直待定，但最终于 2014 年 5 月被撤回）。尽管尽了最大的努力，但这一政治协议从未实现以多数票达成共同立场，原因是：（1）提出辅助原则的立场是土壤利用的权利应该保留于成员国中，由当地执政者所有；（2）在 27 个成员国中，有 9 个国家存在有关土壤保护的立法，在这一方面存在各成员国发展不平衡的风险，同时，改变现有已经十分完善的立法也十分困难；（3）为了得到最好的实现效果，应该最大化利用现存的国家法律；（4）目前已经存在在引申意义上保护土壤的先行的其他主题（例如地下水和硝酸盐）的法律；（5）该提案难以制定一项通用指令来覆盖所有 300 种不同的土壤类型；（6）该提案与现有的农业和环境立法可能存在重叠（Council of European Union，2007）。

2014 年，欧盟决定撤回该立法提案，从而面向其他考虑到土壤持续退化现象的倡议[1]，这种土壤退化现象不仅限于欧盟层面，也存在于全球范围内，因为10%~20%的旱地和24%的生产性土地已经退化[2]。因此，为与成员国展开紧密而建设性的对话，新的欧盟土壤保护专家组成立了，并于2016年发起了一项广受欢迎的倡议，要求欧洲机构将土壤视为共同产品并通过成员国的规范性法律对该资源进行保护。这项倡议被称为"People 4 Soil"，目前还没有实现其要求的在至少7个成员国内收集到100万个签名的目标。

如所解释的那样，通过研究（例如 MEA、TEEB 等）、数据收集（例如 CORINE 土地覆盖）、研究人员和规范性倡议（例如"People 4 Soil"倡议），从不同层级的细节和国土空间尺度提出的保护土壤建议，提升了人们对土壤重要性的认识。但着眼于土地征用，尤其是使用不同尺度的多学科方法对生态系统服务的环境影响分析很少。

尽管如此，仅在2016年，就有大量的最新研究将生态系统服务用作规划政策的指标，同时将其应用于实现土地可持续利用管理的决策过程。大多数标准，包括"欧盟限制、缓解和补偿指南"（European Commission，2012），都专注于某一特定目标，试图对土地征用过程加以限制。例如，引入定量目标或定义精确的边界作为控制城市增长的地方政策，或者最终建立财政措施，例如为新的城市转型设定附加税。这种土地利用管理实践的其中一个典型特点是，完全从定量角度出发，而缺乏定性方面的可以确保将生态系统服务实施纳入规划中的综合性方法。实际上，传统的土地利用及土地覆被变化分析是基于量化特定的单个过程，而未考虑这些变更可能对生态系统服务供给产生的累积影响。例如，常规的土地利用及土地覆被变化分析提供了关于城市化过程的定量强度信息，这是一个需要了解的重要现象，同时也是从政策上为限制土地征用确定的定量目标。但是，这可能是它唯一考虑的方面，因为规划者必须通过跨学科研究来探索问题。这意味着在定量过程中要包含定性思维，旨在为土地利用规划或政策提供可应用的可靠指标。定量方法的排他性使用是其自身局限，也是传统土地利用及土地覆被变化分析的缺点，许多规划也证明了这一点，极限阈值应被解释为要达到的目标，而不是作为警报和警告阈值的最大指示极限。

最后，传统的土地利用及土地覆被变化分析不足以评估对生态系统服务的影响，因此不适合指导土地保持和保护政策。相反，人们需要对因土地征用过程造

---

[1] OJ C 163, 21. 5. 2014, p. 4, and corrigendum OJ C 163, 28. 5. 2014, p. 15: "委员会仍致力于保护土壤这一目标，并将研究如何最好地实现这一目标。但是，这方面的任何进一步倡议都必须由专业学院考虑。"

[2] www.eld-initiative.org.

成的全球性生态系统服务下降进行评估，使用一种跨学科的方法将理论目标（如土地征用限制）与针对土地征用限制、缓解和补偿的特定土地利用管理模式的发展联系起来，并通过多学科的分析以加强评估效果。

在第二章中将会解释，战略环境影响评价在这种观点转变（从定量到定性）中起着至关重要的作用，因为战略环境影响评价旨在将环境考虑纳入政策、规划和项目中，同时监控因城市化引起的土地利用及土地覆被变化这一土地征用现象。战略环境影响评价基于定量环境数据，因此还不足以用来进行多维评估，但是考虑到生态系统服务评估已成为空间规划中土地使用管理方面的关键需求，战略环境影响评价特别适合此目的，因为只有这样，战略环境影响评价才能为决策过程作出贡献。结合战略环境影响评价的土地利用情景的创建集成了定性和定量分析，此外，缓解和补偿措施还可以支持决策者做出环境可持续性的选择，从早期确定规划或项目的范围和目标开始，直到最终实施。

1.2.2　空间规划、土地利用管理和影响评价

生态系统服务的普遍下降（Millennium Ecosystem Assessment，2005）要求建立管理系统，以确保不同级别的机构获得和使用生态系统服务相关数据。尽管对生态系统服务的科学认知正在增长（Haase et al.，2014），但生态系统服务在规划政策和管理中的执行度仍然很差，因此需要将生态系统服务的评估和价值测算与决策过程联系起来（Primmer and Furman，2012）。生态系统服务的维护、损耗、保存或恢复取决于它们在规划过程中的重要性。

在本书中，基于欧盟委员会提出的条款，即以"建立一个关于土地利用及其之间联系的、更为合理的国土空间组织，以在保护环境的必要性和实现社会及经济发展目标需求之间寻找一个平衡"（European Commission，1997）为标准，对空间规划进行了考虑。正如娜丁（Nadin，2006）在 2006 年所提到的："空间规划需要跨越国土去考虑建成区、自然系统和人类活动，这不仅超越了行政边界，还包括很多不同公立或私有行业之间的政策和行为，或许更是土地利用的广义范围。"此外，"战略性规划还包括影响评价的一些典型要素，例如生态系统服务中的生态、社会/文化、经济问题。与此相反，土地利用规划具有直接的影响力，甚至可以通过法规来控制土地利用的变化，这主要是为了响应市场的需求"。

相比之下，土地利用规划的范围更窄，其主要关注于土地利用规范及相关开发、明确开发和保护领域、制定规则和规范，以及定义其功能性质和设计标准。

空间规划更具横向性，因为它整合了能够影响空间和建筑物的特性及功能的政策及方案，包括了能够影响其发展的需求或必要性因素，这无法单纯依靠规划许可解决（Geneletti and Cortinovis，2015），同时协作和公众参与被视为有效空间规划的基础。

土地利用规划通常指根据土地和水资源，同时考虑其社会及经济因素，以确定土地利用方案；这些关注点是广义空间规划过程的一部分，以此组织和管理土地利用转化过程。实际上，土地和资源的使用、空间的物理组织、产业战略的集成（农业、自然保护、基础设施和运输、旅游业发展等）是空间规划的关键问题。空间规划导致空间变化，意味着为了新的规划目标，土地和水域（土地利用规划中处理的主要资源）将被改变，进而导致生态系统结构也发生变化。此外，空间规划可以调和不同尺度上的（地方、区域、国家和国际）政策目标冲突性，以及中长期管理不同产业的空间布局（如运输、农业和环境）。空间规划还包括空间发展目标这种战略组成部分，以及决策过程中的政治协作，通过参与进程调和不同利益方的需求，从而制定空间发展目标。空间规划可能会影响广义生态系统服务的分布、质量和使用，这对于保护和强化生态系统服务至关重要（TEEB，2010）。

从理论上讲，本书采用的总体框架是：基于生态系统服务的土地利用管理，通过分析未来空间活动的分布，整体作用于战略空间规划。该方法目标是在土地利用及其相互联系中增加更为合理的土地组织方式，以平衡在发展中需要保护及恢复的环境和实现对应的经济社会目标。空间规划包括协调其他政策和规划工具中的空间分析方法，尤其是土地利用规划中定义的土地和财产用途转换。尽管已经定义了生态系统服务集成的规划框架，但仍未定义如何在空间规划中纳入和应用生态系统服务理念。该领域仍处于研究阶段，包括研究生态系统服务评估的侧重点、方法和程序，以及通过案例验证评估结论，探究生态系统服务概念在不同领域的实践以及生态系统服务映射的优缺点。关于生态系统服务评估的实践、理念和方法正在空间规划中不断发展，并具有许多可行的经验（Söderman and Saarela，2010；Geneletti，2011；Lamorgese and Geneletti，2013；Partidario and Gomes，2013）。生态系统服务评估可以在一系列的知识领域（通信、生态系统核算、景观和保护规划等）中为各类决策者提供信息（Gómez-Baggethun and Barton，2012）。

欧盟 2020 年的"生物多样性战略"也明确了上述观点，该战略要求成员国在其国土空间上对生态系统进行评估和映射，以作为维持和增强生态系统的辅助手段（European Commission，2011a）。在此框架中，战略环境影响评价是一个持续的系统过程，用于评估政策、规划和项目中的替代性决策造成的环境影响，以确保从决策过程的起始阶段开始，相关的生物物理、经济、社会和政策考虑被全过程纳入。它有利于将生态系统服务集成到规划中，尤其是在空间规划中，以实现可持续的土地利用管理。

1.2.3　战略环境影响评价

影响评估（IA）被定义为"确定当前或计划行动对未来造成后果的过程。影响是指采取行动与没有采取行动造成的结果之间的差异"（International Association of Impact Assessment，IAIA，2009）。因此，影响评估的任务是为决策提供信息、材料和数据。在欧盟，战略环境影响评价是由"2001/42/EC"指令提出的。这一漫长的过程始于 1969 年，美国国会通过了《国家环境政策法》（National Environmental Policy Act，NEPA），要求所有联邦机构和部门要在立法和其他主要事项提案中考虑和评估环境影响。随后，欧盟委员会于 1997 年发布了关于评估某些规划和项目对环境造成影响的理事会指令性提案。欧盟认识到，空间规划过程需要得到对政策、规划或项目（PPP）的中长期效应评估的支持。战略环境影响评价的目的是"提供高水平的环境保护，并将环境因素纳入规划和项目的筹备和应用过程中，以推进可持续发展理念"（European Parliament，2001）。随后，欧盟成员国在其立法中正式建立了战略环境影响评价体系，并根据一些主要的共同原则制定了战略环境影响评价框架（Therivel，2004）：战略环境影响评价是一个改善战略行动的工具，先行于决策过程中的集成部分。战略环境影响评价应促进利益相关者的参与，并确保决策的透明度；战略环境影响评价应加强主要的环境及可持续发展方面的考虑，根据决策过程的时间尺度和资源，判断特定的战略行动是否合适；战略环境影响评价应包括分析并比较可能采取的战略行动方案，从中确定最合适的方案；战略环境影响评价的目标应是最大限度地减少负面影响，以补偿价值功能和利益的损失，并确保不会造成不可逆转的损害。战略环境影响评价是在环境影响评价理论基础上实现的，这一理论已在全球许多国家得到广泛应用，并且与决策有着千丝万缕的联系（Sadler and Verheem，1996；Inostroza et al.，2016）。最近的评论期刊指出了将生态系统服务纳入战略环境影响评价的进展（两者的概念都旨在保护环境和促进人类福祉），不仅用于更高级别的政策制定，同时也用于规划和项目，以及其他特定产业（例如基础设施开发）中（Geneletti，2011，2016；Helming et al.，2013；Diehl et al.，2015）。

尽管国际上最近发表了在决策中对生态系统服务进行评估和整合的方法指南（OECD—Organisation for Economic Cooperation and Development，2008；World Resources Institute，2008；UNEP—United Nations Environment Programme，2014），且已认识到战略环境影响评价有产生预期收益的潜力，但将生态系统服务纳入战略环境影响评价的实践仍处于起步阶段（Geneletti，2013），同时也面临着很多挑战。造成战略环境影响评价与生态系统服务协同困难的主要原因在于，缺乏从整体上处理与生态系统服务评估相关的复杂问题的能力，尤其是在战略环境中，例如政策和规划决策过程。

战略环境影响评价的质量和成功与否，取决于战略决策对规划人员和决策者的可持续性影响，从而促进寻找最佳替代解决方案。此外，通过将社会、经济和环境因素联系在一起的综合方法可以增强这一目的。即使在最近 20 年的欧盟战略环境影响评价实践中，该过程也因其很少甚至无法影响决策而受到一些批评（Nilsson and Dalkmann，2001），通常因为规划行为主要涉及非理性方面（例如经济和社会问题）。

如前所述，决策者必须在考虑环境问题以及可持续发展原则（基于三大支柱：社会、经济和环境）的基础上做出决策。

战略环境影响评价必须权衡这三项原则，同时还要考虑决策中的不确定性，以提出最合适的决策（Castellani and Sala，2013）。因此，即使战略环境影响评价主要涉及生物物理环境，但其向可持续性转化的趋势也将有助于整合与人类和生态系统相关的关键问题（Dalal-Clayton and Sadler，2005；Sheate et al.，2008）。

社会三个基本部分之间的联系起源于人们对战略环境影响评价有效性的不同观点。一些学者试图通过详细描述动机、目的、角色的分布和方法来定义战略环境影响评价（Partidário，2000）。相反，其他人则从内容、程序、过程、背景和结果这一逻辑结构对战略环境影响评价进行解释（Fischer，2003；Runhaar and Driessen，2007）。此外，战略环境影响评价有效的前提是需要一定的背景条件：（1）完善的立法框架；（2）机构间紧密合作；（3）广泛的公众参与；（4）有效到位的环境影响评价系统（Fischer and Gazzola，2006）。

但是它们不能完全适用于意大利的背景，机构能力和社会资本的区域性差异构成了意大利管理背景的显著特征（Gelli，2001）。意大利近期在此问题上的做法也与这种情况有关。事实上，2006 年，费希尔和加佐拉写了一篇针对意大利战略环境影响评价方法的论文。论文中强调，由于战略环境影响评价的实践和经验有限，2002 年之前，很少有意大利的研究者为战略环境影响评价的国际论调和文献作出贡献（Fischer and Gazzola，2006）。此外，意大利的另一项战略环境影响评价有效性标准正式要求考虑各种替代性方法，包括在欧盟指令和相关国家法规确立的在事前战略环境影响评价中不采取任何措施的替代方案（Fischer，2010）。

战略环境影响评价流程必须包括对当前状况的定量评估以及调查特定 PPP 所带来的潜在影响。它从环境角度对决策提供了合适的替代方案。通过预测和审查 PPP 的环境影响，从而在发展与保护之间建立平衡。这些潜在影响评估基于考虑可替代性，但根据最近的评论期刊，战略环境影响评价仍然在空间规划中执行不佳，这也是它公认的主要弱点之一。

对替代方案的评估必须包括足够的信息和数据，以评估影响的可接受性，并提出适当的调整和缓解措施。其中，大部分信息和数据都通过制图进行表达或者通过映射的方式展示其在地理上的分布，以便辅助决策过程。在这种情况下，地理信息系统和空间评估有助于确定受影响的区域和景观受视觉影响的概率，用以支撑对空间性质有明确影响的土地利用规划和政策决策。欧盟委员会的 MAES 工作组（Maes et al.，2013）确认了映射效能在空间上的显示优先级以及问题定义，尤其是不同生态系统服务之间、生态系统服务与生物多样性之间的协同效应和权衡取舍。考虑到生态系统服务由土地利用及土地覆被间接提供并可能会受其影响，因此在空间规划的影响评估中必须包含生态系统服务，用以量化其状态和趋势，这些论点在支持战略环境影响评价和其他环境评估中可能起着重要作用。战略环境影响评价应当被视为在执行 PPP 中实施生态系统服务概念的一种方式。

参考文献

Arcidiacono A，Ronchi S，Salata S（2015）Ecosystem Services assessment using InVEST as a toolto support decision making process：critical issues and opportunities. Compu. Sci Appli ICCSA 2015：35-49.

Balmford A，Bruner A，Cooper P et al（2002）Economic reasons for conserving wild nature. Science 297：950-953. https：//doi.org/10.1126/science.1073947.

Bastian O，Schreiber K-F（1999）Analyse und ökologische Bewertung der Landschaft. Anal und ökologische Bewertung der Landschaft.

Blum WEH（2005）Functions of soil for society and the environment. Rev Environ Sci Biotechnol 4：75-79. https：//doi.org/10.1007/s11157-005-2236-x.

Boyd J，Banzhaf S（2007）What are ecosystem services? The need for standardized environmental accounting units. Ecol Econ 63: 616-626. https://doi.org/10.1016/j.ecolecon.2007.01.002.

Breure A, De Deyn G, Dominati E et al (2012) Ecosystem services: a useful concept for soil policy making! Curr Opin Environ Sustain 4: 578-585. https://doi.org/10.1016/j.cosust.2012.10.010.

Burkhard B, Kroll F, Nedkov S, Müller F (2012) Mapping ecosystem service supply, demand and budgets. Ecol Indic 21: 17-29. https://doi.org/10.1016/j.ecolind.2011.06.019.

Castellani V, Sala S (2013) Sustainability indicators integrating consumption patterns in strategic environmental assessment for Urban. Planning 3426-3446: 00001. https://doi.org/10.3390/su5083426.

Commission of the European Communities (2006) Thematic strategy for soil protection. Com 12.

Costanza R (2008) Ecosystem services: multiple classification systems are needed. Biol Conserv 141: 350-352. https://doi.org/10.1016/j.biocon.2007.12.020.

Costanza R, D'Arge R, de Groot R et al (1997) The value of the world's ecosystem services and natural capital. Nature 387: 253-260. https://doi.org/10.1038/387253a0.

Council of European Union (2007) Proposal for a Directive of the European Parliament and of the Council establishing a framework for the protection of soil and amending Directive 2004/35/EC—Outcome of the European Parliament's first reading.

Daily G C (1997) Nature's services: societal dependence on natural ecosystems. Ecology so: 392.

Daily G C (1999) Developing a scientific basis for managing Earth's life support systems. Conserv Ecol 3.

Daily G C, Polasky S, Goldstein J et al (2009) Ecosystem services in decision making: time to deliver. Front Ecol Environ 7: 21-28. https://doi.org/10.1890/080025.

Dalal-Clayton B, Sadler B (2005) Strategic environmental assessment: a sourcebook and reference guide to international experience. October 28: 1347-1352.

de Groot R (1992) Functions of nature: evaluation of nature in environmental planning. Management and Decision Making, Wolters-Noordhoff BV.

de Groot R (2006) Function-analysis and valuation as a tool to assess land use conflicts in planning for sustainable, multi-functional landscapes. Landsc Urban Plan 75: 175-186. https://doi.org/10.1016/j.landurbplan.2005.02.016.

de Groot R, Wilson M, Boumans R M J (2002) A typology for the classification, description and valuation of ecosystem functions, goods and services. Ecol Econ 41: 393-408. https://doi.org/10.1016/S0921-8009(2)00089-7.

Diehl K, Burkhard B, Jacob K (2015) Should the ecosystem services concept be used in European Commission impact assessment? Ecol Indic 61: 6-17. https://doi.org/10.1016/j.ecolind.2015.07.013.

Dominati E, Patterson M, Mackay A (2010) Response to Robinson and Lebron—Learning from complementary approaches to soil natural capital and ecosystem services. Ecol Econ 70: 139-140. https://doi.org/10.1016/j.ecolecon.2010.10.002.

European Commission (1997) The EU compendium of spatial planning systems and policies. Eur Plan Stud 3: 192.

European Commission (2011a) The EU Biodiversity Strategy to 2020.

European Commission (2011b) Our life insurance, our natural capital: an EU biodiversity strategy to 2020. Communication from the Commission to the European Parliament, the Council, the Economic and Social Committee and the Committee of the Regions.

European Commission (2012) Guidelines on best practice to limit, mitigate or compensate soil sealing.

European Commission (2016) No net land take by 2050.

European Environment Agency (2006) Urban sprawl in Europe-The ignored challenge.

European Environment Agency (2013) Land take.

European Environment Agency (2016) Soil resource efficiency in urbanised areas.

European Parliament (2001) Directive 2001/42/EC of the European Parliament and of the Council of 27 June 2001, on the assessment of the effects of certain plans and programmes on the environment. Off J Eur Communities 197: 30-37.

Farber S C, Costanza R, Wilson M (2002) Economic and ecological concepts for valuing ecosystem services. Ecol Econ 41: 375-392. https://doi.org/10.1016/S0921-8009 (2) 00088-5.

Fischer T B (2003) Strategic environmental assessment in post-modern times. Environ Impact. Assess Rev 23: 155-170. https://doi.org/10.1016/S0195-9255 (2) 00094-X.

Fischer T B (2010) Reviewing the quality of strategic environmental assessment reports for English spatial plan core strategies. Environ Impact Assess Rev 30: 62-69. https://doi.org/10.1016/j.eiar. 2009.04.002.

Fischer T B, Gazzola P (2006) SEA effectiveness criteria—equally valid in all countries? The caseof Italy. Environ Impact Assess Rev 26: 396-409. https://doi.org/10.1016/j.eiar.2005.11.006.

Fisher B, Turner K R (2008) Ecosystem services: Classification for valuation. Biol Conserv 141: 1167-1169. https://doi.org/10.1016/j.biocon.2008.02.019.

Foley J A, Defries R, Asner GP et al (2005) Global Consequences of Land Use. Science 80 (309): 570-574. https://doi.org/10.1126/science.1111772.

Gelli F (2001) Planning systems in italy within the context of new processes of "regionalization".

Int Plan Stud 6: 183-197. https://doi.org/10.1080/13563470123858.

Geneletti D (2011) Reasons and options for integrating ecosystem services in strategic environmental assessment of spatial planning. Int J Biodivers Sci Ecosyst Serv Manag 7: 143-149. https://doi.org/10.1080/21513732.2011.617711.

Geneletti D (2013) Assessing the impact of alternative land-use zoning policies on future ecosystem services. Environ Impact Assess Rev 40: 25-35. https://doi.org/10.1016/j.eiar.2012.12.003.

Geneletti D (2016) Handbook on Biodiversity and Ecosystem services in Impact Assessment. Elgar.

Geneletti D, Cortinovis C (2015) L'integrazione dei Servizi Ecosistemici nel processo della Valutazione Ambientale Strategica. In: INU Edizioni (ed) Nuove sfide peril Suolo. Rapporto CRCS 2016. Roma, pp 50-55.

Gómez-Baggethun E, Barton D N (2012) Classifying and valuing ecosystem services for urban planning. Ecol Econ 86: 235-245. https://doi.org/10.1016/j.ecolecon.2012.08.019.

Haase D, Larondelle N, Andersson E et al (2014) A quantitative review of urban ecosystem service assessments: concepts, models, and implementation. Ambio 43: 413-433. https://doi.org/10.1007/s13280-014-0504-0.

Haines-Young R, Potschin M (2011) Common international classification of ecosystem services (CICES): 2011 Update. Expert Meet Ecosyst Accounts 1: 1-17.

Haygarth P M, Ritz K (2009) The future of soils and land use in the UK: Soil systems for the provision of land-based ecosystem services. Land use policy 26, Supple: S187-S197. doi: http://dx.doi.org/10.1016/j.landusepol.2009.09.016.

Hein L, van Koppen K, de Groot R, van Ierland EC (2006) Spatial scales, stakeholders and the valuation of ecosystem services. Ecol Econ 57: 209-228. https://doi.org/10.1016/j.ecolecon.2005.04.005.

Helian L, Shilong W, Guanglei J, Ling Z (2011) Changes in land use and ecosystem service values in Jinan, China. Energy Procedia 5: 1109-1115. https://doi.org/10.1016/j.egypro.2011.03.195.

Helming K, Diehl K, Geneletti D, Wiggering H (2013) Mainstreaming ecosystem services in European policy impact assessment. Environ Impact Assess Rev 40: 82-87. https://doi.org/10.1016/j.eiar.2013.01.004.

Hermann A, Schleifer S, Wrbka T (2011) The concept of ecosystem services regarding landscape research: a review. Living Rev Landsc Res 5: 1-37. https://doi.org/10.1177/0170840609104565.

Howarth R B, Farber S (2002) Accounting for the value of ecosystem services. Ecol Econ 41: 421-429. https://doi.org/10.1016/S0921-8009 (2) 00091-5.

Inostroza L, Baur R, Csaplovics E (2013) Urban sprawl and fragmentation in Latin America: a dynamic quantification and characterization of spatial patterns. J Environ Manage 115: 87-97. https://doi.org/10.1016/j.jenvman.2012.11.007.

Inostroza L, Zasada I, König H J (2016) Last of the wild revisited: assessing spatial patterns of human impact on landscapes in Southern Patagonia. Chile. Reg Environ Chang 1-15: 0001. https://doi.org/10.1007/s10113-016-0935-1.

International Association of Impact Assessment (IAIA) (2009) What Is Impact Assessment? Ghana Conf Proc 1-4.

Jeffery S, Gardi C, Jones A et al (2010) European Atlas of Soil Biodiversity.

Lamorgese L, Geneletti D (2013) Sustainability principles in strategic environmental assessment: a framework for analysis and examples from Italian urban planning. Environ Impact Assess Rev 42: 116-126. https://doi.org/10.1016/j.eiar.2012.12.004.

Maes J, Hauck J, Paracchini M L et al (2013) Mainstreaming ecosystem services into EU policy. Curr Opin Environ Sustain 5: 128-134. https://doi.org/10.1016/j.cosust.2013.01.002.

Maes J, Liquete C, Teller A et al (2016) An indicator framework for assessing ecosystem services in support of the EU Biodiversity Strategy to 2020. Ecosyst Serv 17: 14 – 23. https://doi.org/10.1016/j.ecoser.2015.10.023.

Marsh GP (1864) Man and Nature or physical geography as modified by human action. Cambridge, MA.

McBratney A, Field D J, Koch A (2014) The dimensions of soil security. Geoderma 213: 203 – 213. https://doi.org/10.1016/j.geoderma.2013.08.013.

Millennium Ecosystem Assessment (2005) Ecosystems and human well-being.

Nadin V (2006) The role and scope of spatial planning. literature review. Spatial plans in practice: supporting the reform of spatial planning sustain. 29.

Nilsson M, Dalkmann H (2001) Decision Making and Strategic Environmental Assessment. J Environ Assess Policy Manag 3.

Noël J F, O'Connor M (1998) Strong sustainability: towards indicators for sustainability. Valuation for sustainable development: methods and policy indicators. Edward Elgar, Cheltenham, pp 75-97.

OECD—Organisation for Economic Cooperation and Development (2008) Strategic Environmental Assessment and adaptation to Climate change. In: Endorsed by members of the DAC Net—work on Environment and Development Co-operation (ENVIRONET) at their 8th meeting; 2008. pp 1-26.

Partidário M R (2000) Elements of an SEA framework—improving the added-value of SEA. Environ Impact Assess Rev 20: 647-663. https://doi.org/10.1016/S0195-9255 (00) 00069-X.

Partidario M R, Gomes R C (2013) Ecosystem services inclusive strategic environmental assessment. Environ Impact Assess Rev 40: 36-46. https://doi.org/10.1016/j.eiar.2013.01.001.

Pearce D W, Kerry Turner R (1990) Economics of Natural Resources and the Environment. John Hopkins University Press, Baltimore, USA.

Pierce F J, Larson W E (1993) Developing criteria to evaluate sustainable landmanagement. In: USDA-SCS NSSC (ed) Proceedings of the 8th international soil management workshop: utilization of soil survey information for sustainable land use. Lincoln, pp 7-14.

Pileri P (2007) Compensazione Ecologica Preventiva. Carocci Milano.

Pileri P (2012) Misurare il cambiamento. Dalla percezione alla misura delle variazioni d'uso delsuolo. In: Regione Lombardia (ed) L'uso del suolo in Lombardia negli ultimi 50 anni. pp 185-207.

Pileri P, Maggi M (2010) Sustainable planning? First results in land uptakes in rural, natural and protected areas: the Lombardia case study (Italy). J Land Use Sci 5: 105 – 122. https://doi.org/10.1080/1747423X.2010.481078.

Pimentel D, Whitecraft M, Scott Z R et al (2010) Will limited land, water and energy controlhuman population numbers in the future? Hum Ecol 38: 599-611.

Potschin M, Haines-Young R (2013) Landscapes, sustainability and the place-based analysis of ecosystem services. Landsc Ecol 28: 1053-1065. https://doi.org/10.1007/s10980-012-9756-x.

Primmer E, Furman E (2012) Operationalising ecosystem service approaches for governance: do measuring, mapping and valuing integrate sector-specific knowledge systems? Ecosyst Serv 1: 85-92. https://

doi. org/10. 1016/j. ecoser. 2012. 07. 008.

Prokop G (2011) Report on best practices for limiting soil sealing and mitigating its effects.

Robinson D A, Hockley N, Cooper D M et al (2013) Natural capital and ecosystem services, developing an appropriate soils framework as a basis for valuation. Soil Biol Biochem 57: 1023-1033. https://doi. org/10. 1016/j. soilbio. 2012. 09. 008.

Romano B, Zullo F (2014) The urban transformation of Italy's Adriatic coastal strip: fifty years of unsustainability. Land use policy 38: 26-36. https://doi. org/10. 1016/j. landusepol. 2013. 10. 001.

Runhaar H, Driessen P P J (2007) What makes strategic environmental assessment successfulenvironmental assessment? The role of context in the contribution of SEA to decision-making. Impact Assess Proj Apprais 25: 2-14. https://doi. org/10. 3152/146155107X190613.

Sadler B, Verheem R (1996) Strategic environmental assessment: status challenges and future directions. The Hague, The Netherlands.

Sheate W R, Do P M R, Byron H et al (2008) Sustainability assessment of future scenarios: methodology and application to mountain areas of Europe. Environ Manage 41: 282-299. https://doi. org/10. 1007/s00267-007-9051-9.

Söderman T, Saarela S R (2010) Biodiversity in strategic environmental assessment (SEA) of municipal spatial plans in finland. Impact Assess Proj Apprais 28: 117-133. https://doi. org/10. 3152/146155110X498834.

Study of Critical Environmental Problems (SCEP) (1970) Man's impact on the global environment assessment and recommendations for action. Cambridge Massachusetts MIT Press, Massachusetts.

TEEB (2009) The economics of ecosystems and biodiversity (TEEB) for National and International.
Policy Makers.

TEEB (2010) The economics of ecosystem and biodiversity for local and regional policy makers.

Therivel R (2004) Strategic Environmental Assessment in action. London.

Tóth G, Stolbovoy V, Montanarella L (2007) Soil quality and sustainability evaluation—an integrated approach to support soil-related policies of the European Union.

UNEP—United Nations Environment Programme (2014) Guidance manual on valuation and accounting of ecosystem services for small island developing states.

Vandewalle M, Sykes M T, Harrison P A et al (2008) Review paper on concepts of dynamic ecosystems and their services—RUBICODE. Environ Res 94. doi: http://www. rubicode. net/rubicode/RUBICODE_Review_on_Ecosystem_Services. pdf.

Vettori A (2015) Sviluppi per un uso sostenibile del suolo nell'Unione europea. In: INU Edizioni (ed) Nuove sfide per il Suolo. Rapporto CRCS 2016.

Vitousek P M, Mooney H A, Lubchenco J, Melillo J M (1997) Human domination of Earth's ecosystems. Science 277: 494-499 https://doi. org/10. 1007/978-0-387-73412-5.

Vrščaj B, Poggio L, Marsan FA (2008) A method for soil environmental quality evaluation for management and planning in urban areas. Landsc Urban Plan 88：81-94. https：//doi. org/10. 1016/j. landurb-plan. 2008. 08. 005.

Wallace K J（2007）Classification of ecosystem services：problems and solutions. Biol Conserv 139：235-246. https：//doi. org/10. 1016/j. biocon. 2007. 07. 015.

World Resources institute（2008）Ecosystem Services. A Guide for Decision Makers.

Zoppi C，Lai S（2014）Land-taking processes：an interpretive study concerning an Italian region. Land use policy 36：369-380 https：//doi. org/10. 1016/j. landusepol. 2013. 09. 011.

第二章 机理、方法和创新经验

摘要： 本章致力于提出在处理生态系统服务（ES）过程中必须考虑的重要问题，包括方法、手段和实践经验。这些需要探索的问题涉及尺度、评估方法和生态系统服务管理。每个主题的研究过程都需从规划的观点去考虑，因此将形成一个规划及国土空间管理框架。总而言之，生态系统服务评估和映射中，现有的实践经验都具有双重目的：（1）测试和验证生态系统服务评估或映射能够在规划支撑过程中直接使用的机会、问题和可能的改进措施；（2）介绍影响规划中集成生态系统服务的创新性方法。

2.1 生态系统服务的尺度依赖

生态系统功能起到为不同生态系统服务的作用，它们的供应取决于生物物理条件以及由于人类影响导致的空间和时间上的变化（Burkhard et al., 2012）。生态系统服务方法中对尺度的理解与需要评估和考虑的生态系统服务特性紧密相关。

尺度对于建立生态系统服务评估的方法和手段很重要，但是，其更多的是对于映射和评估的必要性，这是明确划分空间优先级和问题定义的基础，主要涉及不同生态系统服务之间以及生态系统服务和生物多样性之间的协同作用和相斥作用。

生态系统的功能取决于地球系统的过程，并受到生物物理特性和该地区条件的限制。生态系统不是一个封闭且孤立的系统，而是受周围环境的气候、水文和地貌条件以及宏观生物和地球物理相互作用的影响。坡度、降雨模式、生物过程和其他不同条件影响并限制了生态系统。考虑到生态系统服务在空间上是由很多种类组成的，并且会随着时间而发展，因此，在建立生态系统情境时，综合考虑特定区域的生态系统服务供应以及该生态系统服务的受益者十分重要。定义生态系统服务情境和空间分析的不同尝试，需要包括生态系统向社会提供服务的能力（供应方）以及在特定区域使用特定生态系统服务的社会需求（需求方）这两个方面(Tallis and Polasky,2009；de Groot et al.，2010；Bastian et al.，2012)。根据伯克哈特的说法，供应方对特定区域提供生态系统服务的能力，与生态系统服务提供区域的空间背景相关，一项生态系统服务的来源包括提供某种生态系统服务所需的全部生物种类及其特质，以及非生物生态系统成分。需求方是一定时间内特定区域所有生态系统服务的消耗量或使用量价值的总和。

这与生态系统服务受益区域相对应，即使其中可能包括了一些与复杂的生产和贸易系统相关的中间过程(Vandewalle et al.，2008；Syrbe and Walz，2012；Burkhard et al.，2012)。

受益区域是指生态系统服务能够为其提供好处的地区(Syrbe and Walz，2012)，这些地区可能与提供生态系统服务的相关地区相距甚远。生态系统服务受益人是指受益于生态系统服务和对生态系统服务有需求的利益相关者，或者是涉及或受到一定环境或公共管理政策积极影响的利益相关者(García-Nieto et al.，2013)。这两个概念(供应和需求)是互补的，并且与提供服务的地点和受益区域之间的空间关系高度相关。

供应方主要由生态过程和特征(如功能、破碎度、生产力、适应力或气候)决定，相反，需求方则主要由生态系统服务受益者的特征决定(人口、与资源的距离等)。如果供应区域和受益区域没有相接，则中间区域的空间特征会影响过程变量。河流景观就是这种情况，其中河流、流域空间、自然洪泛区和水库可能对所有洪水量产生重大影响。相反，许多其他服务在提供和受益区域方面没有明确的定义，因此必须加以定义以扫清障碍，从而避免无本获利并提供可能的解决方案。在这种情况下，连接供应区域和受益区域的人工机制应加以考虑，例如，使用长距离管道将饮用水输送到城镇或人口稠密地区(Syrbe and Walz，2012)。2010 年，海恩斯·杨和波奇提出的机制明确阐释了生态系统提供生态系统服务的生态能力(供应方)与利益相关者的使用和价值(需求方)之间的关系，本书也对此进行了阐述(Haines-Young and Potschin，2010b；García-Nieto et al.，2013)。图 2.1 显示了与基础社会系统临时社会文化属性(如土地利用、道德、价值、发展状况等)相关的生态系统服务的空间分布和内涵。

针对如何观察供应者和受益者之间的空间关系，波瓦斯卡等于 2005 年提出了一种模式(见图 2.2)，并于 2009 年由费希尔进行了确认。该图基于供应者和受益者来管理给定情境或区域的生态系统服务跨越尺度(Polasky et al.，2005；Fisher et al.，2009)，以理解生态系统服务的空间动态特征。这四种模式对于理解服务的供应地点以及生态系统服务受益者十分必要，还考虑了特定生态系统服务的需求，从而告知决策者如何优化和改进管理干预措施。

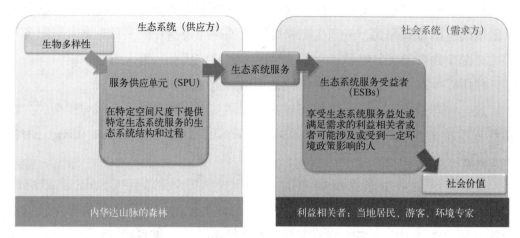

图 2.1　生态系统服务评估框架：需求方和供应方

资料来源：Haines-Young 和 Potschin（2010b）；García-Nieto 等（2013）。

在图 2.2 中提出的第一种情况下，服务供应和受益都在同一位置发生。拥有当地受益者的地方生态系统服务就是这种情况，例如土壤形成、原材料供应和小气候调节。在第二种情况下，服务是面向全区域提供的，并且其益处分布在周围的景观中，因此它是一种没有任何方向偏好的、将益处分散到周围环境的服务，例如授粉和固碳。

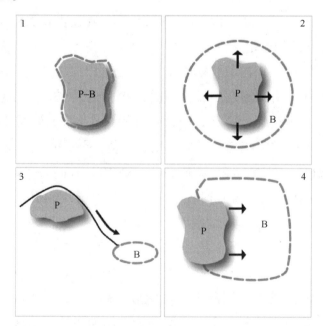

图 2.2　服务供应区域（P）和服务受益区域（B）之间可能的空间关系

修改自：Polasky 等（2005）；Fisher 等（2009）。

最后两种情况(图2.2的第3张和第4张附图)说明了具有特定受益方向的服务。在情况三中,受益人与服务的供应地距离较远,例如,上游地区的森林可以避免所有的重力流危害,或者是森林护坡能提供水调节服务。

情况四被称为"防护服务",如为了保护海岸线免受风暴和洪水影响而提供的服务。这些屏障(如湿地或沼泽)或者特定的植被(如红树林)可以提供一种自然形式的保护,使海岸线免受或最大限度地减弱波浪或洪水带来的影响(Fisher et al.,2009;Turner,2015)。服务供应区域和服务受益区域之间的关系可以分为四类:(1)原位(服务供应区域和服务受益区域在同一位置);(2)全向(以服务供应区域为中心,服务受益区域无方向偏好地分布在周围的景观中);(3)定向(服务受益区域在服务供应区域的特定流向);(4)分离(生态系统服务可以进行远距离的传输,例如许多供应性的生态系统服务)。

对供应区域和受益区域的动态了解与生态系统服务的生态尺度有关,尤其是生态系统的时空动态、公有和私有的受益方面,以及服务的受益依赖性。表2.1提供了上述讨论主题的详细信息,这些生态系统服务根据提供者进行了分类,并考虑了服务的需求和供应。生态系统服务根据运行尺度大致分为地方、区域、全球或多重尺度,同一生态系统服务的不同提供者可能跨越时空尺度范围运行(Costanza,2008;Naidoo et al.,2008)。例如,湿地的洪水控制或是通过碳固存进行的气候调节(Daily,1997;Costanza,2008)。生态系统服务的提供与景观、生境或生态社区有关,以共同产生服务的组成群落、物种、功能单元(依赖植物单元)、食物网或栖息地类型为特征。在此框架中,空间尺度对于认识特定区域提供生态系统服务的能力(生态系统服务的"作用半径")以及定义支撑生态系统服务的特定生态系统成分或过程十分必要。此外,还需要设置"功能单位"来指代研究的生态单位(如物种、种群、社区、生态系统)以评估生态系统服务供应者的功能贡献,探讨可变性在不同生物组织层次上的作用,以及不同层次上的可变性如何影响供应。例如,微生物和蚯蚓为土壤肥力提供了有价值的服务,它们被视为一个整体,而不是一个单独的群体;相反,授粉服务是某类昆虫特有的,因此必须针对每种类型进行评估。

表2.1 依据供应者、功能单位、空间尺度和服务受益区域之间的
空间关系类型进行的生态系统服务分类

生态系统服务	生态系统服务供应者	功能单元	空间尺度	空间关系的类型
审美、文化	所有生物多样性	人口、物种、社区、生态系统	地方—全球	原位、全向、定向、分离

生态系统服务	生态系统服务供应者	功能单元	空间尺度	空间关系的类型
生态系统商品	多个物种	人口、物种、社区、生态系统	地方—全球	原位
紫外线防护	生物地球化学循环、微生物、植物	生物地球化学循环、功能单元	全球	全向
空气净化	微生物、植物	生物地球化学循环、人口、物种、功能单元	区域—全球	全向
洪泛区灌溉	蔬菜	社区、居住者	地方—全球	定向
干旱区灌溉	蔬菜	社区、居住者	地方—全球	定向
气候稳定性	蔬菜	社区、居住者	地方—全球	全向
授粉	昆虫、鸟类、哺乳动物	人口、物种、功能单元	地方	全向
虫害控制	无脊椎动物寄生虫、掠食者,脊椎动物掠食者	人口、物种、功能单元	地方	全向
水体净化	蔬菜、土壤微生物、水生微生物、水生无脊椎动物	人口、物种、功能单元、社区、居住者	地方—全球	定向
粪便无害化和分解	叶子垃圾和土壤无脊椎动物、土壤微生物、水生微生物	人口、物种、社区、生态系统	地方—区域	全向
土壤生成和土壤肥力	叶子垃圾和土壤无脊椎动物、土壤微生物、固氮植物、植物和动物生产的废物	人口、物种、社区、生态系统	地方	原位
种子扩散	蚂蚁、鸟类、哺乳动物	人口、物种、社区、生态系统	地方—区域	全向

资料来源：de Groot 等(2002)；Haines-Young 和 Potschin(2009)；Burkhard 等(2014)。

　　基于生态系统方法的应用取决于人们对不同生态系统的了解及其对人类福祉的功能(Maes et al.，2016)。根据意大利第 124/1994 号法律正式颁布的《联合国生物多样性公约》中第 2 条提出的定义，与"生境"的定义相反，生态系统没有特定的空间单元或尺度，并且可以在广泛的空间尺度内被定义，并供给不同尺度和不同机构的利益相关者。

　　实际上，生态系统服务是在所有生态尺度上产生的。例如，在植物的生态系统尺度上，固氮这种生态系统功能增强了土壤肥力，而固碳又在全球尺度层面对气候产生了影响(Hein et al.，2006)，但是它们无法均匀且规律地在整个空间景观中进行供应，并且会随时间而改变。对这种现象，尤其是生态现象的理解，完全受到其研究和解释尺度的影响。

评估尺度显著左右了问题的范畴及其结果。尺度是指现象的可测量维度，它是科学家用来测量项目和过程的空间、时间、数量或进行分析的维度（Gibson et al.，2000；Verburg et al.，2004；Millennium Ecosystem Assessment，2005b）。所有尺度都有一个范围（如空间、时间、数量或分析尺度的规模大小）以及分辨率（可理解为测量的精度）。

尺度与层级虽然经常被用作同义词，但它们无法进行相互转换，因为两者的定义都被限制在层次结构框架中，它们的含义和内涵在本质上是不同的。正如吉布森所述，"驱动力和相关的土地利用变化过程作用的空间尺度范围与组织的层级相对应。层级是指分层组织系统中的分层级别，特征在于其在分层系统中的等级排序"（Gibson et al.，2000）。

众所周知，生态系统功能执行不同的生态系统服务，因此必须在了解它们之间复杂的相互关系后才能对尺度方法进行定义，这使生态系统服务能够集成到政策和规划制定过程中。例如，土地利用及土地覆被变化可以依据它们对土地利用方式的重大影响，在一个广义的范围内定义。

生态系统服务评估中的尺度以及如何将其集成到决策中的问题直到最近才得到解决。根据前文解释的内容，可能有两种不同的尺度失配。

第一种与生态系统服务的供需关系有关。生态系统服务取决于生态系统向社会提供服务的能力以及社会在特定领域使用特定生态系统服务的需求。这两种观察和评估生态系统服务的方法没有相同的空间尺度。例如，一个城市（需求方）的粮食供应不仅局限于其地理范围内，还必须扩展到城市边界之外（供应方）（Gómez-Baggethun et al.，2013a）。因此，生态系统服务存在供需不协调的情况。

尺度失配的第二种类型是，生态系统过程尺度与尺度管理机构（从社区层面到国际层面）中所使用的服务、价值、管理之间的失配（Grêt-Regamey et al.，2014）。

根据下面提出的示例，城市食品的供应无法在行政范围内解决，而是需要跨部门合作。因此，生态系统服务的供应尺度与机构尺度不符。

结论是，生态系统服务的供应与生态系统服务的需求不一致，生态系统服务的需求又与管理它的机构尺度不符。

围绕第二种情况，海因表明，生态系统服务评估可能会根据利益相关者及其相关机构尺度而发生很大变化（Hein et al.，2006）。此外，生态系统服务的空间分布取决于一定时间尺度上生物物理生态系统的供应和人类需求（Seppelt et al.，2011）。

生态系统提供的服务发生在一系列空间尺度上，其范围从短期的地点层级

（例如舒适性服务）到长期的全球层级（例如碳固存）（Hein et al., 2006）。例如，气候调节在全球范围内起作用，并具有全球影响，而农作物授粉所提供的服务则取决于生境类型、野生植物种类和农作物开花的时间，因此其尺度受当地微观影响更大。

考虑到所有因素，生态过程和生产功能在两个广泛维度内运行：（1）时间尺度。被理解为生态变化的时间范围，因此生态系统服务可被分为长期服务（十年）、季节性服务（年）和短期服务（小时）（Zhang et al., 2013），同时，这种时间尺度也是在面对生态问题时政策所假定的时间范围。例如，涉及影响生态系统服务的土地利用及土地覆被变化决策是根据不同的时间尺度做出的，一些决策是基于短期动态，而其他决策则基于长期动态。（2）空间尺度。这种尺度从生态系统服务供应范围考虑，横跨全球、生物圈、景观、生态系统、地块和植物个体。考虑到生态系统服务评估必须考虑确保商品和服务供应的生态过程，因此参考尺度对于任何生态系统服务的评估和环境变化分析都是至关重要的。

要解决生态系统的供需不匹配问题，需要将支持生态系统服务的生态过程尺度与管理尺度联系起来。

如今，生态系统服务在许多方面受到机构的影响，正如本书所写，这些机构管理自然资源调节，并劝说人们进行生态系统服务中的自然资本转换。例如，自然资本可以直接使用，也可以与人力资本和生产资本结合使用，为人类福祉提供其他商品和服务（Nagendra and Ostrom, 2012）。

除了机构，社会组织被定义为"任何可能影响生态系统服务或被生态系统服务影响的群体或个人"，这一定义与千年生态系统评估（Millennium Ecosystem Assessment, 2005b）中的定义一致，认为在特定生态系统服务提供的利益中，不同尺度的利益相关者的利益存在重叠或冲突。

可以根据利益相关者来对两种不同的尺度进行辨别，即（1）个人、城市、国家、区域和国际层面的机构尺度；（2）社会尺度，即主要社会实体，从作为基本社会单位的家庭开始，到社区、国家、区域和全球层次。

第一种尺度被理解为管理自然资源的机构，这些机构在将自然资本转化为生态系统服务进而转化为人类福祉方面影响最大（以直接或间接的方式）。第二种尺度涉及民间社会如何参与获取和使用这些间接影响人类福祉的资源，因为与生态系统联系最为直接的是社区（Millennium Ecosystem Assessment, 2005a）。

因此，就缓解气候变化或保护生物多样性而言，生态系统对于几类地方利益相关者至关重要,并且对整个地球系统也具有国际意义(Steffen et al., 2007)。此外,生态系统服务在某些时空尺度上拥有特定的受益者,因此此类生态系统服务的价值与其行为密切相关。

这种假设使我们认为,生态系统服务的制度边界、社会背景和生态规模基本不一致,从而决定了自然资源管理在一系列制度水平和尺度上的脱节。正如在千年生态系统评估项目中所主张的,"改善生态系统管理面临的挑战是建立体制结构,这种结构要与他们所管理的生态系统和社会过程的尺度相似"(Millennium Ecosystem Assessment, 2005a)。与生态系统服务的治理和管理规模有关的难题也阻止了它们在决策过程中的执行,因此也阻碍了生态系统服务的实施,因为没有明确的讨论主题。规模不匹配的问题是生态系统服务应用过程中潜在冲突的根源(Gómez-Baggethun et al., 2013b)。

2.1.1 生态系统服务管理的尺度

考虑到生态系统服务的不同研究尺度以及规模不匹配的问题,即使在过去的几年中已经发表了几种类型的研究,试图以直接或间接的方式解决生态系统服务问题,但也没有形成独特的评估系统或单一的解决方案。

尺度问题与生态系统服务映射相关联,生态系统服务映射是通过假设数据空间化的参考尺度来描绘服务在空间上的分布。

映射过程是估算生态系统服务供应量及其当前(基准情景)经济价值和预期趋势的基础(Maes et al., 2012)。生态系统服务映射和评估集成框架的重要性主要体现在决策机制、方法和程序中对生态系统服务价值的广泛应用。

生态系统服务映射是在生态系统服务管理中支撑规划和决策过程的第一个必要假设。因此,映射需要初步确定应该采用的尺度。生态系统服务映射尺度的定义与不同要求和空间显示信息用途、数据空间分辨率和数据属性细节有关(Medcalf et al., 2014)。考虑到有关生态系统服务映射的最新评论期刊已经证实解决了尺度问题(Martínez-Harms and Balvanera, 2012; Crossman et al., 2013; Guerry et al., 2015),之后辩论的主题有所不同,例如:新方法论建议、描述生态系统服务空间分布的新软件、使用不同工具对生态系统服务评估进行比较的结果,或者将生态系统服务映射纳入决策过程的可能做法。

除上述研究,还对最近的生态系统服务映射趋势进行了文献综述,以便确定所选尺度和所调查的生态系统服务类型。生态系统服务是基于 CICES 分类方法进行分类的,选择这种方法是为了利用"Science Direct"和"Scopus"电子数据库①来识别与生态系统服务映射有关的最新同行评论期刊。

单独或组合搜索了以下关键字："生态系统服务映射""生态系统服务空间评估""参考尺度"。显然，其他论文可能会解决一些有关生态系统服务映射的特定问题，但没有在标题、摘要或关键字中提及它，但是通过这种方法，可以直接找到同行评论期刊研究发表的涉及映射的清晰概述。其目的是确定进行的最多的生态系统服务映射及其原因，明确生态系统服务映射所采用的尺度以及选择这种尺度的原因，验证生态系统服务映射与现有政策之间是否存在关系以及用于规划集成的可能性。综述确定了2015—2016年符合研究标准的70篇论文，排除了22篇论文，因为它们只是方法论研究，没有考虑参考尺度或案例研究。该分析又进一步研究了其余48篇出版物(表2.2)。

表 2.2　文献综述中提到的绘制生态系统采用的映射和尺度

生态系统服务	生态/供应者尺度	社会、受益者尺度	机构尺度
供给			
水源供应——纯净水	✓✓✓✓		
材料		✓✓	
水利停留	✓✓✓*		
木材	✓✓	✓✓✓	✓✓✓✓*
食物供应			✓*
调节			
碳固存	✓✓		✓✓✓✓*
水文地质保护	✓✓✓		✓
栖息地形成物种	✓✓✓		✓✓✓✓✓*
空气质量调节	✓		✓✓✓*
侵蚀控制	✓		✓✓
水流量	✓✓✓✓		✓✓✓
海岸线保护			✓
授粉			✓✓*
文化			
娱乐：游客	✓✓✓	✓✓✓✓	✓✓✓✓*
自然娱乐		✓✓✓✓✓	✓✓
社会		✓✓✓	✓*
文化传承价值	✓✓	✓✓✓*	
景观风貌价值	✓✓	✓✓✓	

注：* 与政策或规划有明确联系的"✓"数量并不代表综述中论文的数量。

---

① https：//www.sciencedirect.com/，https：//www.scopus.com.

在文献综述中，进行生态系统服务调查最普遍的是调节服务，尤其是碳固存和生境质量模型的调节服务，其次是供给、文化和支持服务，以及伯克哈德在2013年的评论期刊中提出的结论(Burkhard et al., 2013)。

可以假设，生态系统服务评估频率与决策过程中的政治议程主题相关(例如，欧洲的生物多样性保护政策或不同政府关于适应气候变化和温室气体排放的政策)。

该研究中也考虑了一些基础生态系统服务(作为主要生产力)，它们可能因为缺少相应的存在证据，很少在决策过程中进行研究。此外，也有证据表明，与过去相比，对无形服务进行评估的趋势开始增加，例如故土情结、精神价值和文化遗产，应用创新方法和手段表明了服务在空间上的分布。这种趋势表明公众对保存非物质遗产和文化多样性的重要性意识可能增加。与其他服务相比，由于缺乏用于大尺度评估和详细调查的数据(作为主要信息来源)，文化生态系统服务尚未完全整合到运行框架中。此外，评估程序需要具有多种视角(例如生态、社会、行为)(Paracchini et al., 2014)。

通常，从上述综述中可以得出结论，对于生态系统服务映射来说，机构尺度是决策的主要因素。为此，该参考尺度假定具有确定的边界，可以在其中创建空间分布。

选择此分类的原因不尽相同，但可以肯定，其主要原因是，数据的可用性严重影响了参考尺度的选择。实际上，机构通常仅具有其管理区域内的数据库，而不仔细考虑对相邻区域可能造成的影响，仅考虑其自身的管辖权。因此，分析手段以及参考尺度的选择受到数据可用性的限制，尤其是土地利用及土地覆被数据库、地形信息[例如数字高程模型(DEM)或数字地形模型(DTM)]和植被类型。

在某些情况下，在缺乏信息支撑这一问题中，数据可用性这一问题被重点提及。在其他情况下，案例研究区域的选择主要取决于数据的可用性，但没有考虑其他可能使用的参考尺度(生态、机构或社会尺度)。

最后，机构尺度的选择通常是由以下事实决定的：明确生态系统服务映射的直接利益相关者，有利于对生态系统服务实际应用提供精准决策。

然而，其他评论期刊(Martínez-Harms and Balvanera, 2012; Burkhard et al., 2013)重点强调了大多数生态系统服务映射都是在较大的空间尺度上进行的(区域尺度是最受关注的，其次是国家尺度，之后是小一级的省级尺度)，但在全球尺度、地方尺度和微观尺度内的研究数量都十分有限。

最近的研究(Malinga et al., 2014)显示，地方尺度的评估数量有所增加，因其可能为决策者提供更好的信息。实际上，可能会影响生态系统服务供给的土地利用政策通常是由城市一级制定的，之后在区域和国家层面被重现。例如，我们可以假设，选择的空间尺度可能是为了告知各个决策层级土地利用政策。

社会尺度对于文化生态系统服务尤为重要，尤其是将社区映射作为一个评估不同利益相关者的服务的工具，且在评估公众意见时获得了较高的评价时，但有时会由于经济和生态原因而被决策者忽略。相对于其他服务，它仍然没有得到充分利用。

最后，在生态系统服务映射时生态尺度考虑较少，这可能是因为映射主体缺乏生态系统服务提供者和受益者的相关知识，但也可能是因为前文提到的数据库可用性的问题。这种趋势不适用于与"水"有关的生态系统服务（例如水体停留、水体调节、水源供应），因为生态尺度的水资源管理概念（通常为流域尺度）似乎最终已经被接受并纳入其中。

总结论文研究中的发现可以得出，生态系统服务与现有的政策或规划没有明确的联系，但在规划过程中大体提及了其可能的用途或溢出影响。这些结果强调，科学界以为政策制定者提供坚实支撑为目的而提出的先进经验，并未在规划工具以及随后的决策过程中得到适当的回应。

大多数文献中明确提到规划中要有一个清晰、直接的整合。评估通常是政策制定者所要求的，或者是对参与过程进行整合的结果，因为对生态系统服务的认识是一步一步建立的。

此外，在另一种情况下，细节评估（方法学或实践评估）仍然在实践中，还没有被纳入决策过程中或对其进行考虑。这通常是因为决策中缺乏对生态系统服务评价价值的认识，从而导致对生态系统服务评价的了解程度较低，而不是因为在规划管理中缺乏明确而实际的反馈。

即便如此，映射仍是一个用于指导规划过程以及决策者在全球至地方层面进行生态系统服务管理的强有力工具，如果决策者通过假设来考虑经济反馈和福祉，那么采用生态系统服务方法通常会更快。

总之，考虑到出现的假设和文献综述的结果，我们可以确定，多尺度方法得到的关注较少，因为生态系统服务的供需跨越了不同的空间尺度，而且需要根据某一现象给出最恰当的表示。实际上，大多数的生态系统服务研究都考虑了多个生态系统服务的供应，而只有最近的研究才面向了生态系统服务需求方面的问题。

相反，生态系统服务是在空间变量中产生和供应的，因此对于识别那些有助于提供服务的地区或能发挥关键作用达到服务供应能够实现的极限值或目标水平的地区至关重要。这些供给和需求地区需要进行优先级排序和相应的管理。

多尺度取决于生态系统提供者、生态系受益者、生态系统服务能力以及最终生态系统服务管理的尺度(Zhang et al.，2013)。仅在采取了这些必要步骤之后，才能够定义一种补偿策略，使其成为真正有效或规模适当的激励机制，能够在相应的尺度中保护关键的生态系统服务地点(Fremier et al.，2013)。

如今，不同的生态系统服务评估尺度(机构、社会、时间范围和生态尺度)几乎彼此互不相符，因为分析的重点取决于调查的结果，而且评估往往被认为没有采用充足的尺度。

生态系统服务评估通常仅限于单一视角，并且在大多数情况下，评估并不能代表其现象的复杂性。因此，决策者采取行动的情境没有一个稳定的基础。

出现频率最高且最常见的情况是生态系统功能的生态规模与其管理制度所安排的空间范围之间有差异。

图 2.3 清楚地表达了什么是尺度不匹配问题。起点是生态系统尺度，由不同的生态研究单元(局部、景观、生物区域、地球或全球)组成，并且被理解为生态系统功能执行不同生态系统服务的尺度。生态系统服务将自然资本表示为环境中影响人类福祉的有形资产存量，并因此影响了生态系统服务的受益者(社会社区尺度)。在这两个尺度之间，有机构在不同级别(从地区到国际)采取行动，管理自然资源并影响生态系统服务的提供。

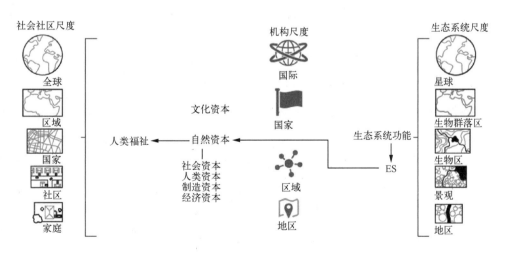

图 2.3 多尺度概念框架

修改自 Duraiappah 等 (2014)。

该框架建立的方式存在问题，因为在生态系统服务的提供地区及需要或消耗生态系统服务的地区之间存在空间的不匹配。这种情况被解释为生态系统和参照经济模式对其进行管理的传统机构之间的"不适应"或"尺度失配"，进而导致生态系统管理不善、缺乏适当的监测框架和执行框架（Bailey，1985；Borgström et al.，2006；Folke et al.，2007；Gómez－Baggethun et al.，2013b；Costanza and Liu，2014）。这被认为是导致自然资源管理失败的最重要原因之一（Folke et al.，2007）。

当服务跨越了多个管辖范围，并在多规模形态，如公共和私人土地、国际边界和社会经济边界之间进行转移时（Fremier et al.，2013），这种情况会更加复杂，从而对人类福祉和生态系统治理产生更广泛的影响（Duraiappah et al.，2014）。

这要求人们采用多尺度方法，将生态、社会和治理尺度与生态系统管理进行匹配，包括产生生态系统的景观特征与这些服务的消费者之间的时空滞后。

换句话说，多尺度意味着根据生态过程并考虑为人类福祉提供福利，以适当的尺度对生态系统进行评估。

解决或管理这些失配是一项艰巨的任务，首先需要提高对尺度依赖性的认识，在这种依赖性下，生态系统的过程和功能将产生一系列的供给、调节、支持和文化服务，之后会涉及范围广泛的各类学科，以使利益相关者之间更紧密地协作并制定管理策略。

2.2 生态系统服务评估

在介绍了生态系统服务的尺度问题和多尺度方法的潜力之后，下一步就是考虑可能的生态系统服务集成在决策过程中的应用。

这种涉及自然资源管理的决策权衡考虑了生态、社会和经济利益的一系列潜在影响。此外，环境社会与管理评估必须包括所有这些领域，这是记录生态系统服务供给及反作用于人类福祉变化的第一个重要步骤，评估同时还包括定义作用于这些服务的压力和威胁，它们对身处其中的人类也可能带来影响。理解生态系统及其服务之间的联系以及个体如何看待它们，是在不同层级帮助决策者的关键话题，从而从地方层面到全球层面寻找其最合适的生态系统尺度。

生态系统服务的价值取决于利益相关者从这些服务中获得的利益，或者取决于利益相关者的观点和需求，它们之间具有相互联系的动态关系。图2.3突出显示了生态系统及其功能之间的联系、产品的提供和服务的产出、为人类带来的利益作为衡量对人类福祉作出贡献的程度。

生态系统服务的评估旨在提取人们从自然中得到的价值，并将这些价值纳入决策过程。

为支撑决策而进行的评估必须表明现存的广阔生态系统、现存的社会和经济价值以及这些服务资源可能导致的生态退化，因此，生态系统服务评估必须考虑所有这些方面，并定义其术语和要使用的类型。

在所有评估生态系统服务的方法中，考虑生态系统服务的价值是最重要的。一定要对一个重要术语进行说明：在本书中，生态系统的"价值"一词是根据千年生态系统评估（Millennium Ecosystem Assessment，2005b）提供的定义，即"一项行动或目标对指定用户目标、目的或条件的贡献"，此外，"其测量可以包括来自各种科学领域的任何度量，包括生态学、社会学或经济学"（TEEB，2009）。

该术语的定义不能与其同义词"价格"的含义混淆或使用，"价格"仅是此类评估的经济方面。解释这种差异的一个常见例子是水，水是所有必需品的自然资源：水的价值很高，但是水的经济价格非常适中，且不与水的价值相匹配。

即使在某些情况下，价格通常是价值的近似值，但在许多其他情况下，市场价格和价值还是完全不同。评估的价差称为"消费者剩余"，即"商品的实际价格与个人愿意为其支付的最大金额差"[①]。

此外，"价值"一词通常代表货币价值，也可与术语"评估""经济评估""货币评估"互换使用，从而限制了它们的含义并使其排他性地在经济学科中使用。尽管大多数研究都集中在生态系统服务的货币价值上（Costanza et al.，1997；Balmford et al.，2002），但生态系统服务的价值并不是仅指其货币价值，片面观点极大地限制了生态系统服务的评估。正如登东克尔等在 2013 年所倡导的，"评估是指对某物的价值或重要性的理解，可以定义为评估、评价或衡量价值的行为，一种价值属性或评估框架（评价什么，如何评价，谁来评价）"（Dendoncker et al.，2013）。

在牢记这一区别的前提下，人们对生态系统服务所表达的多种价值的认识也取得了进步。从理论上讲，环境的评估涉及综合评估且常常会相互冲突，据此可以将价值结合起来为决策提供依据，但可能不会仅仅变成一个度量标准（Gómez-Baggethun and Barton，2012）。

该假设需要采用跨学科方法，并在生态系统服务评估中采用该原理（Costanza

---

① https：//www.ecosystemvaluation.org/glossary.htm.

et al.，1997；Chan et al.，2012；Dendoncker et al.，2013）。以多元价值为核心基础，以综合方式对生态系统服务进行评估可以扩展传统的生态系统服务评估方式（Gómez-Baggethun et al.，2014）。

尽管如此，最近许多对生态系统服务的研究，认识、调查和探究了多种生态系统服务价值（如生态、经济、社会、文化、精神、象征、治疗、保险、身份、地价）。每个独立价值之间的区别并不明显，而分类通常也很模糊。本书假定将多个生态系统服务值归为一类，从而将生态系统服务值分为三大类。社会文化价值：这一类承认了重要的环境功能，强调身心健康、教育、文化多样性和身份(作为遗产价值)、自由和精神价值；生态价值：指生态系统提供商品和服务的能力，取决于提供这些商品和服务的相关生态系统过程和组成部分；货币价值：直接或间接的货币价值，以及估算这些服务的经济价值所需的各种估值方法（图2.4）。

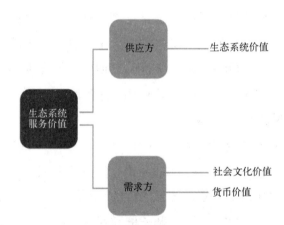

图 2.4　生态系统服务价值、供应方、需求方之间的关系

模型修改自 Gómez-baggethun 等（2014）。

考虑到分配给生态系统服务的三个最重要的价值类别，尤其要注意评价服务价值的尺度以及使用恰当的评估方法。因此，至关重要的是，要建立并总结不同的方法和手段，提取生态系统服务中的不同价值，可将估价方法与更广义范围的价值维度联系起来，同时不应具有排他性。

有公认的方法可以根据三个类别评估自然价值，作为如何进行服务评估的累积模型（White et al.，2011）。

定性，作为没有数字指标的价值评价，例如身心健康益处、社会休闲益处、安全益处和更广泛的福祉。

定量，例如水质、碳的固定或捕获量、保护区的数量、访问国家公园的人数。

货币，将定性和定量方面的价值转换为特定的货币，例如计算国家公园游客带来的收入。

评估方法的选择与政策密切相关，它取决于特定的地点，并根据具体情况进行假设。此外，它还取决于三个主要变量：时间和可用资源、人类福祉和决策过程中考虑的利益、情境（地理、机构、社会）。最后一个因素会影响货币估值，因为情境条件会影响要考虑的货币变量（Barton et al.，2012）。货币估值被认为是最耗费资源的，此外，由于一些生态系统服务具有非市场性质，因此从该角度可以进行分析的服务数量十分有限。

前两种生态系统服务评估方法非常传统，而货币估值在很长一段时间以来一直是法规辩论的中心，有人质疑从货币方面进行生态系统服务评估是否有好处。综合来讲，货币估值通常以成本效益分析为特征，在有效集成规划中的环境问题中起着重要作用，但可能在集成生态系统服务和一些无法直接作用于人类的相关价值方面受到限制，尤其是与无形的生态系统服务有关的社会和文化价值观。

此外，一些作者认为进行生态系统服务评估时，仅使用一种测量方法（通常是金钱）掩盖了生态系统的复杂性以及生态系统为人们提供的多种价值和收益（Langemeyer et al.，2016）。大多数的批评者来自生态学学科，认为"收益成本分析是否会导致不同且更好的社会选择的这一事实尚不清楚，或者仅能够用于事后证明由政策、机会主义或非经济的理论基础给出的正确决策。分析人员倾向于认为分析很重要，但是可以说，大多数政治决策更多地是由情感、故事和道德价值观所驱动，而不是冷酷、刻板的数字"（Boyd，2011）。

生态学家深思，经济价值评估鼓励了自然资源财产可以被买卖这一观点，因此导致自然财产损失或破坏将更容易。"自然具有无价的内在价值，因此有足够的理由保护自然……自然保护必须被视为道德问题以向决策者提出，因为他们已经习惯于从道德和经济方面做决定"（McCauley，2006）。

不了解生态系统服务的生态和社会特征，仅从经济或货币角度进行的评估限制了对生态系统服务动态的整体理解。

另一方面，在一个单独的案例研究中，采用货币标准是一个关键因素，可以阻止对社区采用代价太高的做法，或是为了强制追求最佳利用自然资本而在地方福利、城市预算和商业机会方面造成的不必要损失。因为退化的生态系统将不再提供生态系统服务，同时恢复过程可能非常昂贵、耗时，最重要的是，有时生态系统甚至无法恢复和/或找到替代解决方案，因此必须保持健康的环境。

因此，分配给生态系统服务的经济价值无疑可以作为自然资本的指代物，而不是需要在规划、管理和预算中纳入生态系统服务，考虑各种政策和战略选择的成本和效益，从而作出更明智的决定。

认识到这些评估方法的利弊，展现出的是对更加综合的评估方法的需求，它们应能够确定价值和利益相关者的多样性观点。在生态系统服务中采用包含生态系统服务管理三个视角（生态、社会和货币）的综合评估方法，能够提高对生态系统服务的多种社会效益的认识，在规划中也可能具有多种优势。

生态系统服务综合评估最常用的工具是多准则分析，它具有容纳多种价值的潜在能力，被认为是可能加强管理与生态系统服务评估和应用集成之间的联系（Munda，2002；Dendoncker et al.，2013；Vollmer et al.，2015；Langemeyer et al.，2016）。此外，除了使用多准则分析，定性和定量评估还可以充分支持决策，而货币评估对于保证政策行动是必不可少的。

2.2.1 映射的重要性

除了认识到生态系统服务的价值及其评估方法，生态系统服务还需要被纳入决策过程中。除了定量、定性或货币分析，映射还可以使生态系统服务的重要性在决策过程中更加明显。

随着地理信息系统（GIS）技术的发展，生态系统服务映射的第一项研究始于20世纪90年代。1997年，科斯坦萨写出了第一篇具有里程碑意义的论文，阐述了如何对生态系统服务价值进行全球绘图（Costanza et al.，1997）。此后，该主题在科学辩论中引起了极大的关注，以至于出版物的数量成倍增长，其中近60%的成果出版于2007年以后（Schägner et al.，2013）。

近年来，有关生态系统服务的新方法已经崭露头角，包括映射和空间化方法。考虑到空间化在支持规划过程中起到了定义空间中不同功能的作用，因此新方法对使用空间数据集的GIS分析和映射进行了一些改进。

欧盟委员会（EC）MAES工作组进一步确认了对映射重要性的认识，该工作组确认了映射对问题定义以及指导规划和决策的重要性。政策制定者越来越认识到将生态系统服务映射运用到空间规划中的潜力，并且将生态系统服务映射纳入政策法规［例如"欧盟水框架指令"（Vlachopoulou et al.，2014）］和国家策略［例如苏格兰"从我们的土地上获得最大的收益——《苏格兰土地利用策略（2016—2021）》"（The Scottish Government，2016）］中已经有很多经验可以借鉴。

映射的重要性也在采用生态系统服务方法时得以体现。映射被认为是规划中集成生态系统服务的重要阶段，遵循以下五个步骤：（1）与生态系统服务存量或流量有关的关键政策问题框架；（2）明确生态系统服务和使用者；（3）映射和评估状态；（4）估值；（5）对包括分配影响在内的政策选择进行评估。

在第 1 步和第 2 步（框架和定义）与第 4 步和第 5 步（估值和评估政策）之间，存在一个中间阶段（映射），这对于将生态系统服务从定义阶段逐步转变为建议阶段以及当地生态系统服务管理至关重要（Arcidiacono et al.，2015）。

映射经验的累积来源于在制定有效政策时对生态系统服务复杂性的理解程度。通常来说，决策的制定是基于透明、清晰且确定的易于理解的信息。确定性这一特征通常不适用于将生态系统知识转化为社会决策过程中、解释生态系统各学科成果/结果的外部预期影响。如前所述，货币估值可能是克服这种困难的一种方法，它为将可替代方法的多维成本和福利融入单维福利措施中提供了可能性，尽管这项实践受到了很多争论和批评（Pearce et al.，2006），但近期也得到了很多深入研究。取而代之的是，映射在政策应用方面具有若干优势，包括在区域或国家层面进行土地利用政策评估等方面。最好的资源分配用于支持判断特定政策措施的执行与否，最重要的是，在何处更好的执行它。

在国际科学文献中，生态系统服务映射有不同的表现方式：（1）评价生态系统服务与保护目标和生物多样性之间的空间一致性（Chan et al.，2006）；（2）验证与土地利用及土地覆被转换相关的生态系统服务供应变化或空间规划和管理中区域的优先级（Helian et al.，2011；Lautenbach et al.，2011；Primmer et al.，2013）；（3）分析不同景观中多个生态系统服务的协同作用和权衡取舍（Biggs et al.，2012；García-Nieto et al.，2013）；（4）比较生态系统服务的供需关系以分配经济价值（Burkhard et al.，2012；García-Nieto et al.，2013）。

现今有许多生态系统服务映射的方法，并且还有对这些方法的综述（Burkhard et al.，2010）。根据马丁内斯·哈姆斯和巴瓦内拉的说法，在进行生态系统服务映射过程中可能有五种不同的方法：

- 从土地利用及土地覆被层获得的信息与供需的恒定生态系统服务值之间的二进制联系。数据是从前期研究中获得的，并适用于特定案例的有关位置和空间尺度。这种方法在文化、调节和供给服务中尤为常见。

- 基于对生态系统服务和可用数据或信息的理解，使用因果关系，这种方法通常用于文化和调节服务的映射。

- 基于地区数据和环境变量的回归模型。该方法通常用于生态系统服务供给、调节和支持服务，使用定量的方式，将不同空间尺度上的数据进行建模和外推，使用生物物理层和管理层作为解释变量。

· 图表查找，这对于大部分的生态系统服务中的调节服务尤其有效。这些实践经验是通过碳封存模型估算每个生物群落的碳存储量来完成的（Naidoo et al.，2008；Sumarga and Hein，2014）。

· 专家知识方法，主要用于文化生态系统服务，将不同利益相关者的看法与特定的国土空间能力结合起来。这种方法的缺点是评估中的主观性，缺乏定量估计（Martínez-Harms and Balvanera，2012）。

方法的选择取决于：（1）数据的可用性，因为生态系统服务映射取决于数据。专家知识方法被认为是一种很好的推进方法，因为有足够的时间和资源来收集数据。另一方面，如果有可用的辅助数据，那么也可选择图表查找和回归模型。后者需要对生态系统服务及其功能有很好的了解。（2）可用于所考虑的生态系统服务数据的代表性。有时，可用的数据无法提供生态系统服务的准确映射关系，导致其过度简化，从而可能误导决策过程。（3）目前，生态系统服务映射已成为指导决策的关键工具。因此，在确保获得高质量的生态系统服务映射图方面取得的长足进步对于提供准确的信息至关重要。

生态系统服务方法中还整合了其他实践，例如，在决策过程中引入了生态系统服务情景，以了解人类环境系统在过去和将来的潜在动态并推进实际的规划措施。这要求始终使用相同的方法对生态系统服务映射进行时间定义以使结果具有可比性。生态系统服务映射的引入是解决生态系统服务问题的重大创新。生态系统服务的最初经验主要是与生态资源类型相关的估值研究，换句话说，是将价值（主要是经济价值）分配给特定土地利用及土地覆被类别，但是没有考虑空间分布。这种方法由于没有对选择进行可视化的展示而限制了将生态系统服务纳入决策过程。而且，大部分的调查结果仍然是表格形式的，因此很难与当地情境联系起来，而当地情境是在规划决策假设过程中考虑空间配置时必须采用的基本方法。因此，有必要将这种方法与对政策有用的考虑相结合。该方法建立了以生态系统建模为重点的新举措（例如，"自然资本项目"[①]和"生态系统服务合作伙伴"[②]关系），以促进将生态系统纳入规划政策中，解决自然资源的利用问题。生态系统服务映射及建模技术的使用在增强生态系统服务评估的准确性和空间性方面扮演了十分重要的角色，对决策者至关重要。

总之，在规划中提高对生态系统的认识时，有必要使用映射来表达生态系统

---

① http：//www.naturalcapitalproject.org/.

② http：//es-partnership.org/.

的供应和能力，以便在空间规划过程的谈判中将生态系统提上议事日程。

2.3　生态系统服务管理

映射，可以突出显示管理中的一些关键问题，并采用生态系统服务方法进行空间规划。

如前所述，生态系统服务评估应用于广泛的不同分类尺度（机构、社会、时间和生态）中，显示了生态系统服务评估和映射的多种方法。该框架并没有帮助解决生态系统服务的供应地点与其消费或需求地点空间不匹配这一棘手问题，因此，评估什么或者采用何种方式评估的不确定性很大。简而言之，生态系统服务尺度对于以下问题的定义很重要（按顺序）：

- 生态系统服务提供者和生态系统服务类型；
- 可以从中受益的利益相关者或社区；
- 参与生态系统管理的利益相关者或机构以及反映了对资本、劳动力和自然资源利用的不同决策水平的决策框架；
- 与生态系统服务的价值归属有关的恰当估值方法；
- 生态系统保护中，生态系统损失的可能补偿策略。

生态系统服务的多个尺度以及治理与管理尺度失配的相关问题，需要进行跨尺度和多尺度的管理，以综合考虑生态系统服务的交付（供应方）及使用、利益相关者（需求方）的满足度及估值。

同时关注两个方面的尺度（供应方和需求方）可以确定它们之间的关系并设置适当的治理尺度，通常是基于多尺度。

多尺度允许以不同的空间尺度对生态系统服务进行评估并参照某一现象的最合适表征尺度给出。

使用多尺度方法意味着要同时在几个尺度上进行研究，同时还要考虑各个独立且不同的尺度，利用连贯的方法和数据来理解生态系统的动态情况（从提供者和供应方分析开始探究生态系统变化的原因和影响）。在每个尺度进行的生态系统服务分析可能通常彼此相对独立，但可以同时进行。重要的是，要尽可能确保每个尺度的结果都与其他尺度有可比性。

生态系统管理模式应根据生态系统的特征制定，多尺度评估为评估跨尺度现象的持久性和稳健性提供了有力的保障，并提供了其他方面可能遗漏的视角和结果（Scholes et al.，2013）。

多尺度方法还包括跨越尺度的概念。第一个要求是将不同的个体进行分析并整合，而第二个则是跨尺度研究，在给定结果分析过程中考虑了不同尺度之间的相互作用。多尺度研究的一种形式被定义为跨尺度研究，但是要特别注意协调不同尺度之间的相互作用问题。

跨尺度评估着重于驱动力的变化及其在各个尺度上的影响，或者着重于系统变化如何进行跨尺度渗透。关于该主题的一个示例是，跨尺度的相互作用包括：国际尺度中的政策会造成地方渔业崩溃，同时，全球市场会影响地区尺度的管理实践，或是区域尺度的干旱会影响全球粮食价格（Scholes et al.，2013）（图2.5）。

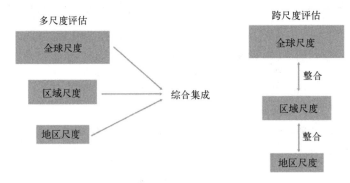

图 2.5　多尺度研究和跨尺度研究的概念体系

模型来源：Scholes 等(2013)。

采取多尺度方法，在决策中考虑生态系统及其服务可能特别困难，因为不同的学科和利益相关者对生态系统的价值有不同的理解，从而无法达成共识。多尺度不仅要考虑供应方，还要考虑需求方，是因为后者的收益描述了生态系统对人类福祉的物质及非物质贡献，并体现了人类对这些收益的估值。利益和估值代表了利益相关者在社会系统或需求方面相互矛盾的观点。传统的决策支持工具在提取人类在生态系统及相关服务获得的各种价值的能力有限。许多研究专注于开发更为综合的评估方法，以识别价值的多样性和利益相关者的期望（Dendoncker et al.，2013；Gómez-Baggethun et al.，2013a）。

不同的跨学科和多学科的方法已经认可了将价值多元化作为其核心概念的基础之一（Martinez-Alier et al.，1998）。例如，在空间规划中，多学科方法提供的考虑因素可以提高人们对生态系统的多种益处的认识，还可以根据生态系统的估值和权衡优先考虑土地使用策略。

生态系统服务"边界"概念的缺陷，可能会为"跨学科边界对象"参与多领域提供一个机会，用以塑造和实现社会目标、变革社会过程以及建立更可持续的人与自然关系。显而易见，生态系统服务的概念包含环境、经济和人为因素，这些因素决定了对多学科方法的关键需求。

生态系统服务评估采用的多学科方法必定涉及多标准分析，因为它可以合并不同学科赋予的多个生态系统服务值，从而确保了多种生态系统服务评估方法的综合应用。

考虑到生态系统服务评估权衡和适应价值多元化的能力，多标准分析是一种开展生态系统服务综合评估的工具（Dendoncker et al.，2013；Martín-López et al.，2014）。此外，它可以根据最合适的尺度对决策者提供支撑，从而将生态系统服务评估与规划政策联系起来。实际上，利益相关者可以评估整个规划方案空间或"一系列选项"，从中确定要优先进行保护或修复的那些用以提供所需生态系统服务的区域。

生态系统服务评估使得多标准分析必须从确定尺度开始。最近的文献综述介绍了采用多尺度评估来明确问题定义和多准则分析应用所需边界的趋势（Primmer et al.，2013）。正如蒙达在2002年所描述的那样，多标准分析尺度的定义必须回答"对于不同的社会角色而言，哪些是重要的事情"的问题，因此是必要的。

> 例如，在生成评估标准时（如在评估山区建立滑雪基础设施的影响时，谁是相关的社会行为者？山区居民、城市地区的潜在使用者甚至世界各地的生态保护主义者都是合理的答案）或在计算影响力分布时（例如，污染指标必须在本地计算，还是应该在更大的范围内计算？在城市内部使用氢能源汽车确实在地区尺度范围内考虑较好，但是在全球范围内的考虑都不是十分清楚，因为氢的排放取决于氢气的产生技术，即氢气是一种能量载体而不是一种能源），最后还有选择何种权重因子方面（Munda，2002）。

总之，需要采用与尺度、政策和调查方法有关的三种混合方式进行生态系统服务评估，用以保证：采用适当的尺度来理解和评估生态系统服务的复杂性；考虑到利益相关者是生态系统提供服务的受益者，则应包含因利益相关者形成的生态系统及其服务的多重价值；利益相关者和尺度层面需要认识到，选择多准则分析作为价值方面的考虑必须作为一个先决条件。最后一个方面对第一项观点有反馈作用，认为该尺度是定义生态系统服务的首要也是必不可少的要素（见图2.6）。

在理解了生态系统服务评估的三个关键前提条件及其在规划和决策过程中的

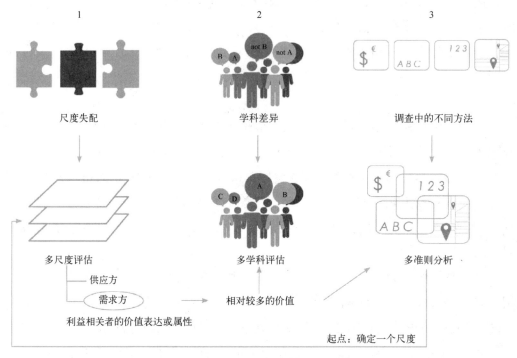

图 2.6　多尺度、多学科、多准则方法之间的关系

重要性之后，现在有必要验证它们如何在实际经验中应用。

第三章旨在验证这些方法的实际应用。在本节中，作者在直接进行生态系统服务评估和映射方面阐述了一些经验，以验证不同尺度（从区域到地点尺度）、生态系统服务的类型（供给、文化、支持等）、方法论以及这些考虑在支撑决策过程中使用的方法。关键案例研究和经验的认识，包括在规划过程中考虑、评估和映射生态系统服务。该目录对于在全球范围内验证生态系统服务集成在规划过程中的使用十分重要，其关注了在所有不同阶段纳入和应用生态系统服务方法，明确薄弱环节及在建议实施中所必需的机会。

2.4　生态系统服务评估和映射的经验

作者阐述的实际应用是在伦巴第（Lombardy）（意大利西北部）进行的，主要有两个原因：首先是数据的可用性。20 世纪 90 年代，伦巴第地区创建了一个名为"Geoportale[①]"的"空间信息基础设施"（IIT），其中包含可免费下载且实时更新

---

① 　www. cartografia. regione. lombardia. it.

的地理信息，这些信息整合了不同来源，例如，地方、省级、区域和国家规划，部门规划，计划和项目，伦巴第大区已开展的研究，或由伦巴第大区委托进行的调查。这种数据档案是意大利最完整的档案之一，也是需要明确空间信息的不同属性的强大资料来源。

第二个原因与作者参与的米兰理工大学（Politecnico di Milano）建筑与城市研究部（Department of Architecture and Urban Studies，DAStU）的新实验室"规划、景观、国土、生态系统"（PPTE - Piani - Paani，Paesaggio，Territori，Ecosistemi）有关。这使作者能够参与一个研究小组，为伦巴第大区起草新版景观规划（RLP）。2014 年年初，伦巴第大区"环境、能源与可持续发展"区域研究小组被委托进行了这项研究，目前该研究仍在进行中。其目的是从不同方向为方法和技术创新提供研究支持，包括以下方面：土地征用动态、使用生态系统服务方法的环境问题、景观限制、景观再生和环境改善的立法规则。可用的数据以及在规划过程中直接使用生态系统服务方法的可能性，使本书作者能够体验和验证在规划中应用生态系统服务的潜力。

生态系统服务映射是第一个挑战。生态系统服务映射的效率已经在空间上明确优先级划分和问题定义中得到公认，并且被视为在环境基础设施和决策中采用生态系统服务理念的主要要求，因此该研究决定对映射方法进行验证。尽管随着千年生态系统评估的发展，对生态系统服务的评估和映射工作日渐增多，但大多数研究都开发了为自己量身定制的系统，因此结果或输出的可比性有限（Vorstius and Spray，2015）。

因此，该研究第三部分的研究问题是：（1）从业人员对于通用的生态系统服务映射工具有哪些要求，用于映射的软件和工具是否友好且易于使用，当前可用工具的优缺点是什么？（2）生态系统服务映射是否能够指导规划和资源管理，这些工具如何应用于实践中？（3）生态系统服务评估可以通过哪种方式纳入规划工具（PPP）。

研究案例试图通过研究尺度、测绘和方法回答上述问题。

每个单独的案例研究都基于以下主要步骤：（1）确认可用数据；（2）确定采用的尺度（考虑到前面的假设）；（3）选择要使用的软件；（4）验证输出；（5）规划集成的建议（如果有必要和可能）。

考虑到步骤（1）和步骤（2）已经得到广泛讨论，为了选择要使用的软件[步骤（3）]，对提供生态系统服务映射信息的主要工具或应用程序/软件进行了评估。如前所述，生态系统服务映射的重要性还反映在为确保生态系统服务在决策过程中的可见性而存在的各种开发软件。

以下是对世界范围内使用最为广泛的，用于映射生态系统服务的工具或软件的简要介绍：

• InVEST(生态系统服务和权衡的综合评估)是国家资本项目为全球应用开发的软件，由斯坦福大学(Stanford University)、明尼苏达大学(University of Minnesota)、自然保护协会(the Nature Conservancy)和世界自然基金会(WWF)合作建立。它是一个独立的工具，可从 www.naturalcapitalproject.org 网站免费下载，其中还包括详细阐述的操作指南。该软件允许人们基于土地利用及土地覆被层面对17 种服务进行评估，还提供探索不同场景(当前和未来)的可能性。该应用程序数据的输入需要大量的专业背景和知识。

• EcoServ GIS 是由杜伦野生动物基金会(Durham Wildlife Trust)开发的 GIS工具包，可从 www.durhamwt.co.uk 网站下载，用于映射生态系统提供服务的能力以及全国尺度内需要服务的地区。它不适用于地区尺度，但提供了不需要具备高度专业性知识即可使用现有可获得数据集的可能性。可用的数据集是在英国设计的，避免了例如创建基础地图来为每个土地分配生境类型的情况。该工具采用了 CICES 的改进版本，包括供给、调节和文化服务的模型。另外还有一个工具，可根据他们为享受自然和野生动植物提供的机会，对绿色空间进行分级。

• SENCE(自然资本凭证的空间评估)是由环境系统有限公司(Environment Systems Ltd)开发的软件，通过查看土地状况进行生态系统服务映射，同时还考虑了以下因素：土地利用及土地覆被、地质和土壤、景观特征(例如陡峭的斜坡、靠近市区)以及如何进行管理。这种软件输出的是生境图纸，根据其可用性和详细信息结合各种数据集进行了优化。同时，也包括了基于当地知识和专家对生境如何交付生态系统服务的理解而形成的规则或体系，例如分配给每个数据集中每个元素的值(高、中、低)，都考虑了其在组合不同数据集时采用的权重。

• ARIES(生态系统服务人工智能)是一个基于生态系统服务的明确概念的网页应用程序，它基于对各个服务的细分，每个服务都是独立建模的。它可以选择和使用基本的生态系统服务模型，从而对数据或模型有限区域的可用性生态生产功能进行编码。ARIES 还可作为推理算法的知识库，通过组装一种应用模型，能够适用于映射服务供应和使用的空间数据。此外，它仅能应用于某些特定区域的案例研究，意大利不在可用范围内。

• LUCI(土地利用和能力指标)是一个 GIS 工具箱，它使用多标准分析来探讨决策对土地利用或管理变更的影响。它被设计为一种协商工具，通过将本地知识和验证纳入模型中，从而能够与当地土地所有者和利益相关者进行互动（Jackson et al.，2013）。插件中包含六个工具，这些工具着眼于当前及潜在的土地管理变更，协同并权衡其可能造成的影响。Polyscape 工具经常在威尔士使用（Jackson et al.，2013）。该工具不是免费的，提供的服务仅与农业生产、侵蚀控制、固碳、减灾和生境提供有关。

● I-Tree（以前称为城市森林效应，Urban Forests Effects，UFORE）是一款免费软件，专门用于量化生物物理和货币条件、生态系统服务的"空气净化"和"全球气候调节"，以及与生物排放有关的"空气污染"等生态系统损害。该软件有不同版本：I-Tree Eco，I-Tree Streets 和 I-Tree Landscape，由美国农业部的森林服务部门提供。该软件作为城市规划人员和城市园林家的工具箱，用于将树木的服务价值整合到景观建筑中，同时提供城市森林效应模型。它已在全球 50 多个城市中使用，尤其是在美国，用于评估城市森林结构和生态系统安全（Nowak et al.，2006；Scholz et al.，2016）。

仔细研究了一系列潜在工具之后可以发现，有一种软件提供了评估一组生态系统服务的可能性，而其他软件仅专门针对一种生态系统服务类型而设计。考虑到上述软件的特性，发现了一些不适用于所选地区情境的约束条件：（1）在区域或地方尺度内不适用（不允许缩减尺度）；（2）当前不可用或收费；（3）仅限于特定的生态系统服务映射；（4）预先配置的数据库无法获得或不适合意大利的条件。

最后，考虑到所有这些限制，该研究决定对 InVEST 软件进行验证，因为它为生态系统服务映射提供了一套全面的模型，包括添加经济评估、使用多层次分析以及比较不同情况（当前情况和未来情况）的可能性。所需的输入数据取决于所分析的特定生态系统服务，但其始终基于一个公共层级：土地利用及土地覆被数据库。此外，为了评估空气质量，该研究决定将 InVEST 提出的碳固存模型与 I-Tree 软件进行集成，以更详细地考虑城市树木的碳存储。

验证输出［步骤（4）］结果将以纸质的形式提交给国家和国际上进行"论文征集"的科学委员会，以对结果进行评估。

其目的是获得反馈，以了解：（1）使用的方法是否有效；（2）输入是否正确；（3）输出结果是否引人注意；（4）是否有些方面没有考虑，值得进一步研究。

为"论文征集"而撰写的大多数材料已经在期刊上发表，并且可能在会议期间介绍这项研究。每个案例研究均采用适当的尺度、最合适的手段和方法，以不同的方式进行了详细说明。该评估系统使每种类型案例研究的优势和劣势得以凸显，从而有可能改善后续评估实践。在极少数情况下，也有可能提出在规划制定工具中应用生态系统服务的具体方法，从而提供立法框架并强调以何种目的和方式考虑映射[步骤(5)]。

下面，提出了案例研究的摘要表：

- 生态系统服务映射；
- 生态系统服务的类型(根据 CICES 分类)；
- 采用的尺度；
- 使用的方法；
- 在规划、项目或计划(PPP)中实施分析的明确建议；
- 输出(表2.3)。

表2.3　生态系统服务在生物物理映射实际应用的经验总结

案例分析 1

生态系统服务	服务种类	软件	映射尺度	方法	PPP 的执行
生境质量/碳固存	调节服务	InVEST	地方 (洛迪)	定量	地方规划 (不明确的)

参考文献

Arcidiacono A，Ronchi S，Salata S.（2015），Ecosystem Services assessment using invest as a tool to support decision making process：critical issues and opportunities，In Gervasi O，Murgante B，Misra S，Gavrilova M，Torre C，Rocha A M，Taniar D，Apduhan B（A cura di），Computational Science and Its Applications-ICCSA 2015. Pag. 35-49 DOI：10.1007/978-3-319-21410-8_3

在地方尺度上测试 InVEST 软件，以验证软件的可靠性(缺点和优点)，以便集成到本地决策过程中

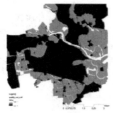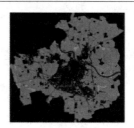

生境质量　　　　　　　生境衰减　　　　　　　碳固存

案例分析 2

生态系统服务	服务种类	软件	映射尺度	方法	PPP 的执行
生境质量/碳固存	调节服务	InVEST	区域 (伦巴第大区)	定量	区域景观规划

生态系统服务	服务种类	软件	映射尺度	方法	PPP 的执行

参考文献

Salata S, Ronchi S, Ghirardelli F. (2016), Analisi qualitativa dei valori ambientali e dei servizi ecosistemici a supporto dellapianificazione paesaggistica, Territorio, 77, Franco Angeli, pp. 45−52

Salata S, Ronchi S, Arcidiacono A, Ghirardelli F (2017) Mapping Habitat Qualityin the Lombardy Region, Italy. One Ecosystem 2:

采用生境质量(HQ)模型,利用定量与定性相结合的方法对山区高自然价值区进行评价。在意大利伦巴第地区的景观规划中,生境质量被用于制定规范性的目的

自然水平高的区域生境质量和覆盖　　　生境质量价值

案例分析 3

生态系统服务	服务种类	软件	映射尺度	方法	PPP 的执行
生境质量/娱乐潜力/景观价值	调节和文化服务	InVEST	区域(伦巴第大区)	重叠分析、多尺度	区域景观规划、省级土地规划

参考文献

Arcidiacono A, Ronchi S, Salata S. (2016), Managing multiple Ecosystem Services for landscape conservation: a green infrastructure in Lombardy region, Procedia Engineering, Volume 161, pp. 2297−2303

以景观规划中的法律框架为基础,确定区域绿色基础设施(RGI)的设计方法,同时应用一种跨学科手段,考虑三个基本要素(自然质量,生物多样性完整度以及人文景观的文化,潜在娱乐景观价值)

生境质量　　　　　　景观价值　　　　　　娱乐潜力

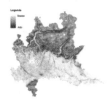

区域绿色基础设施的多功能叠加分析　　　高值选择

案例分析 4

生态系统服务	服务种类	软件	映射尺度	方法	PPP 的执行
碳存储和空气质量	调节服务	I-Tree	特定地点(米兰市)	定量	地方规划(不明确的)

参考文献

Scholz T, Ronchi S, Hof A. (2016), Ökosystemdienstleistungen von Stadtbäumen in urban-industriellen Stadtlandschaften——Analyse, Bewertung und Kartierung mit Baumkataster, AGIT——Journal für Angewandte Geoinformatik, 2-2016, pp. 462-471, doi: 10.14627/537622062

通过比较分析以验证城市生态系统的功能、展示城市林地评估、演示用于评估的操作应用程序、评估在城市林地地籍采集方法中的城市林地对比表

都市林地的概况数据 (I-Tree Streets)	波鸿市	杜伊斯堡市	埃森市	米兰市
树种 *	✓	✓	✓	✓
树高	✓	—	(—)	✓
胸径 *	✓	✓	(—)	✓
树冠周长	✓	✓	—	✓
树枝分权	—	—	—	✓
树枝稠密度/(%)	(—)	(—)	(—)	(—)
死亡树枝量/(%)	—	(—)	—	(—)
树冠内范围受光量	—	—	—	(—)

案例分析 5

生态系统服务	服务种类	软件	映射尺度	方法	PPP 的执行
娱乐潜力	文化服务	ESTIMAP	省级和大地区层面[瓦雷泽(Varese)、莱科(Lecco)和森德里奥省(Sondrio Province)的 3 个国家公园]	测序、定性、多方法,圆桌会议(研讨会)	区域景观规划、省级土地规划、公园规划、地方规划

参考论文

ESTIMAP 作为一个多尺度的规划工具予以应用(论文仍在进行中)

探究基于自然的娱乐和旅游空间,明确评估可用性,通过从业人员和利益相关者的参与为多尺度规划提供信息。这项研究活动是在欧洲联合研究中心(JRC)的技术支持下完成的,该研究活动仍在进行中,研究的步骤如下所示。

2016 年 6 月 26 日,伦巴第大区 3 个省和 4 个地区公园的利益相关者参加了一个研讨会,研讨会采用了测序、定性、多方法(Creswell, 2003),达到如下目的:

1)让从业人员和利益相关者共同制作地图(共同制作);

2)从 ESTIMAP 娱乐模式的潜在用户处获得反馈(正确落图);

3)调整模型以适应特定需求。

续表

生态系统服务	服务种类	软件	映射尺度	方法	PPP 的执行

参与性活动是按照圆桌会议的方法(一种简单、有效且灵活的小组对话形式)组织的。

参与性活动的框架如下:

1)关于该地区潜在娱乐活动的讨论。

a. 参与者被要求列出他们所在地区重要的娱乐活动(与自然和文化遗产有关);

b. 不提供任何活动的清单,让参与者自由地表达自己的想法;

c. 在这一环节结束时,会有共同的讨论环节。

2)关于活动分类和需求类型的讨论。

a. 专业娱乐和一般娱乐(按照"所需经验水平、所需的健康水平,以及参与者面临风险的程度进行分类。比如,一般娱乐包括野生动物观赏或适度徒步旅行,而漂流或攀岩通常被视为专业娱乐");

b. 需求类型和用户类别(休闲与旅游)(UNWTO and ATTA, 2014)。

3)关于可用数据类型的讨论。

4)关于该模型可为哪些类型的规划工具提供信息的讨论。提出了一种跨尺度的一体化方法:从区域规划到省级规划,再到地方战略

案例分析6

生态系统服务	服务种类	软件	映射尺度	方法	PPP 的执行
生境保护	调节服务	R	特定地点 (米兰市北部地区)	定量	地区规划(不明确的)

参考论文

Brambilla M, Ronchi S. (2016), The park-view effect: residential development is higher at the boundaries of protected areas, Science of The Total Environment, Volume 569-570, pp. 1402-1407 doi: 10.1016/j.scitotenv.2016.06.223

核实保护区周围土地利用的变化对保护效能的影响。为实现生物多样性保护和环境保护的共同目标而进行的多学科综合研究

1999/2000 年至 2012 年可能适合云雀生存的栖息地的变化

在生态系统服务评估和映射的实践经验中,出现了四个重要问题。

1. 数据输入

如前所述,大多数实际应用都是使用 InVEST 进行的,InVEST 是自然资本项目开发的一种免费软件,它是一种根据土地利用及土地覆被的特定类型在生态系统服务上进行地理、经济和生态核算的工具。对 InVEST 模型进行了不同程度的

验证，包括生境质量、碳固存、娱乐和景观质量。

所有这些模型都需要创建输入数据集，这对于输出质量至关重要。数据输入根据所调查的服务类型而有所不同，其数据格式为 GIS 栅格网格、GIS 图层文件或数据库表(.csv 或 .dbf)。数据非常特殊，需要使用者具备适当的生态学科学知识以及地理空间软件的技术技能。

例如，如 InVEST 用户指南所述，碳储存和固存模型汇总了 4 个碳池中储存的碳量：(1)地上生物量。土壤上方的所有生物量，包括茎、树桩、树枝、树皮、种子和树叶；(2)地下生物量。所有有生命生物质的活体根系。有时会排除直径小于(建议)2 mm 的细根，因为这些细根通常无法与土壤有机质或枯枝落叶区分开来；(3)土壤有机质。在一个国家选择的特定深度和持续的时间序列中，矿物和有机土壤(包括泥炭)中包含的有机物；(4)死亡的有机物，包括垃圾、躺卧或直立的死木(Tallis et al., 2011)。

此外，"此信息之后会与土地利用及土地覆被类型相关联，对于每种土地利用及土地覆被类型，模型都需要估算四个碳池中至少一个的碳含量。该模型汇总了四个碳池中所有碳池的碳量，从而提供了每个网格单元以及整个目标区域中预计的总碳存储量"(Tallis et al., 2011)。考虑到"运行"模型所需的数据，在土地利用及土地覆被上输入创建需要花费时间，包括要有一个含有多种类别的详细图层(例如，能够区分区域中不同树木的类型非常重要，如落叶常绿、针叶、栗木等)，其次是要构建对这些过程具有科学认识的四个碳池。

如阿尔奇迪亚科诺等所述，"重要的是要明确，InVEST 的应用严格取决于地域背景和每个数据集的详细程度。例如，在低密度居民区中，简单土地利用及土地覆被变化的监测受到土地形态、沉降类型和基础设施分布的极大影响。区域条件在很大程度上影响了模型图的生成，而输入数据集的组织(例如分配给每个单个数据的权重)也至关重要"。在实际应用方面，本实验选择了洛迪(Lodi)[①]的市政模型进行实验。选择这一模型是因为可以根据现有的不同数据库创建出要求的数据集。这次案例使用了有详细说明的洛迪省地形数据库(DBtop)[②]。DBtop是更为详细的土地利用及土地覆被框架，被用作城镇规划工具的测绘基础。该调查可追溯到 2008 年，地图比例尺从 1∶500～1∶1 000。此外，对于洛迪省，还可以提供更多高分辨率的地理空间信息[例如土地能力分类(Land Capability Classification, LCC)，限制条件(建筑、历史和自然)，自然保护区(自然公园、

---

① 一个意大利小镇，居住人口为 44 000 人，占地面积为 41 km²，位于伦巴第大区的北部区域。
② 研究结果在表 2.3 案例分析 1 的参考文献中。

Natural 200 保护区)、坡度和 STM],这些可从意大利政府的 Geo 网站免费下载①
(Arcidiacono et al., 2015)。

专门针对该主题的研究和项目进行文献综述之后,收集了四个碳池的数据
(Ministero delle Politiche Agricole Alimentari e Forestali, Corpo Forestale dello Stato;
VV. AA, 2002; Ponce-Hernandez, 2004; Petrella and Piazzi, 2005; Metzger et al.,
2006; Gardi et al., 2007; ERSAF, 2013)。创建一个 .csv 表,其中包含四个碳池
的储碳量(以 mgHa-1 表示),并与 DBtop 的每个土地利用及土地覆被相关联。
InVEST 所需的数据非常具体且详细,因此其假设通常基于不确定度进行简化。
这是 InVEST 模型的主要限制,通常也是所有使用大量数据的模型工具的主要
限制。

I-Tree 软件的使用也面临同样的收集输入数据问题,输入数据非常耗时,并
且对数据的分析非常有挑战性。I-Tree 软件估算了空气污染物沉积量[以千克为
单位的臭氧(O_3)、二氧化氮(NO_2)、可吸入颗粒物(PM_{10})和二氧化硫(SO_2)]和
空气污染清除量[以千克为单位的 NO_2,PM_{10} 和挥发性有机物(VOC)](USDA
Forest Service, 2008)。该软件的应用需要树木种群相关的详细信息,包括树木种
类(属、种和变种)、树木状况(高度、胸径、树木和叶片状况)、树木的位置(前
院、种植带、砍伐等)以及有关城市绿化费用的其他信息(年度种植、年度修剪、
年度树木清除和处置等),以便开展成本效益分析。

必要的数据可与林地地籍的数据进行比较,在欧洲一些城市(尤其是在德
国、奥地利、英国),该数据库非常普遍,但在意大利却很少使用。意大利人在
林地地籍上的应用,主要基于管理和安全问题,仅包括林地测绘[例如帕维亚市
(Pavia)],而没有运行该模型所需的详细数据。选择米兰市作为空气质量评估的
案例研究与其信息的丰富度有关。一项专门研究比较了波鸿(Bochum)、杜伊斯
堡(Duisburg)、埃森(Essen)和米兰市的不同林地地籍,表明了可用信息的多样
性和数据库的结构。

数据的可用性对于娱乐潜力评估来说不是问题,因为其是通过整合来自各个
科学和社会机构以及各个利益相关者的观点而创建的(利益相关者的参与参照了
圆桌会议的组织活动方式,一种简单、有效、灵活的主持小组对话的形式)。

娱乐潜力被归为文化生态系统服务(CES),与供给服务不同,文化生态系统
服务还没有完全整合到运营框架中。原因之一是在大尺度评估中缺乏适当的

---

① http://www.dati.gov.it/.

数据。

数据的缺乏源于文化生态系统服务的特点，根据定义，文化生态系统服务具有跨学科性，需要从多个角度进行分析（Paracchini et al.，2014）。利益相关者和具有土地知识的专业人员参与，对于解决数据不足以及通过对研究区域内基于自然的休闲机会进行明确的空间分析，可以有效地用于评估图件制作中。

此外，为了解决数据不足的问题，可以利用其他传统学科的评估结果来收集相关有效信息，例如，对所谓的"公园景观效应"[①]进行影响评估（Brambilla and Ronchi，2016）。通过矩阵转换对土地利用及土地覆被变化的评估尚不足以验证生态系统服务提供的潜在变化（例如与生境质量有关）。

定量分析与定性研究有关，涉及生境消失、景观破碎化、动物传播方式改变对生物多样性的影响。因此，这种方法与云雀的环境适宜性数据进行了整合。云雀被认为是在半个世纪中，整个研究区域最常见的鸟类之一，在世界各地几乎都存在。在这种情况下，两种不同学科方法（多学科方法）的结合解决了数据可用性问题，这两种方法都会产生有效的结果。通常无法进行的协作和信息共享却可以实现有效的整合效果。

2. 尺度的定义

从前文的结果来看，生态系统服务的尺度定义是关键的问题之一，在理论及实际应用中均是如此。

在理解了尺度不匹配的问题之后，案例研究中假设了与生态系统服务供应相关的生态系统尺度，在某些情况下，尺度真正起到了支撑生态系统服务政策的作用。本书目的是通过学习第二部分文献综述中揭示的弱点，使用多尺度或跨尺度开展评估，尤其要关注尺度之间的相互作用问题。

伦巴第地区新区域绿色基础设施（RGI）提议是在区域尺度内进行构想的，它提供了一个总体框架作为确保高景观价值保留的战略方法，但这是通过单个景观再生项目进行应用的。项目的尺度取决于要再生或恢复的景观特征。绿色基础设施的目标更加专注于指导当地的景观增值项目，但在总体战略规划内，它重新定义了居住点、开放土地、自然价值和该地区的乡村特征之间的关系。在这个案例研究中，研究者试图在包括三种生态系统服务（绿色基础设施构成：自然、娱乐和景观功能）的生态尺度和机构尺度之间建立一种对话，但基于一些行政限制，

---

① "公园景观效应"被定义为自然保护区周围的土地利用及土地覆被变化，这可能会损害自然保护区的保护效果，因此，保护区对城市发展的潜在吸引力尤其值得关注（Brambilla and Ronchi，2016）。

不足以对景观再生予以回应。绿色基础设施的实施必须在从区域到地方的尺度内进行管理，以这种方式，在总体策略中对特定景观再生行动的干预和/或投资进行调整和协调。

同样的概念也被用于娱乐潜力评估。认识到这些活动是以自然为基础的，因此选择将超区域尺度的信息（区域自然公园中具有存在大量休闲/文化活动的可能性）与省级尺度（具有促进可持续发展、旅游和娱乐相关能力的机构）结合起来。该研究的最终目的是建立一种分析系统，并将其集成到多尺度规划系统中。

3. 规划执行

考虑到文献综述的结果，生态系统服务评估和映射仍停留在研究层面，并未被纳入或在决策过程中进行讨论。少数案例研究的目的是使用生态系统服务映射来提出针对特定需求的解决方案，通常为了填补规划工具的规范空白。其概念从初始阶段就明确生态系统服务考虑能够以何种方式支持规划，并提出新的事实表达和立法工具。原则上，这些建议旨在为特定的可持续分析提供技术上的稳健性。

在案例研究中，通过包括景观规划的制图知识在内的栖息地质量评估，生态系统服务的概念在景观规划的分析系统中被重新提出，以便提供生态系统服务由当前的状态向地方一级进行扩展，同时还可以根据生态系统服务方法重新设计具有高度自然感的区域。纳入生态系统服务是区域机构对生态系统服务的重要认可，该地区机构决定使用特定的规范性条款来保护生态系统服务，该条款避免了可能会损害生态系统服务供应的土地利用及土地覆被改变。此外，在景观规划的情境中，区域绿色基础设施的空间分布提供了将景观价值集成为景观规划附加工具的可能性，该工具可确保能够识别多个生态系统服务值。区域绿色基础设施已作为区域规划的主要战略层之一实施，这意味着在定义其本地规划时，所有地方政府都必须重新考虑此项规范。区域一级的生态系统服务推广还有助于提高决策者和利益相关者的意识，同时对于树立公民的生态环境保护意识也十分必要。但将这些因素整合到空间规划中并不是一件立竿见影且容易的事情。此外，生态系统服务分析的技术稳健性克服了一些困难，从而使选择更具可靠性。例如，它改变了仅以海拔高度为边界来确定约束条件的方式。之前（在前期景观规划中），此选择与山区因不适应人类活动而保留了较高的自然价值的一般假设有关。这种方法不适于具有高生物多样性价值的平坦地区。基于这些原因，在新版景观规划中，考虑了一种基于生态系统服务且集成了定量和定性方法的新方法。此外，通过利用新的事实表达层填充战略空白，也有利于将生态系统服务应用于规划、决策。

"娱乐潜力"模型与先前的模型不同，但目的相同，即使不同的利益相关者参与到共同制作规划图中，并通过提供多尺度的报告/文档的方式来满足他们的需求。在规划中采用生态系统服务方法与景观规划经验不同。实际上，在景观规划案例研究中，生态系统服务实施的过程得到表征，然后科学技术人员对生态系统服务进行评估，之后再由利益相关者（主要是决策者）对其进行验证，不同的是，在娱乐潜力模型当中，这两个步骤同时进行且相互交融。

4. 意识、利益相关者和能力

生态系统服务映射和评估研究在最近几年中显著增加，其产生的认识，尤其是有关生态功能和经济价值的认知，对决策者作用巨大，生态系统服务评估越来越多地用于决策相关的流程，包括环境评估（环境影响评价和战略环境影响评价）。

受到质疑的是该"新"知识的最终使用及其在决策过程中的影响。利益相关者的参与是成功实施基于生态系统管理的关键方面。实际上，通常决策中共识的达成取决于他们的理解，即"任何可能影响组织目标的实现或受到其影响的团体或个人"（Freeman，1984），其中包括利益集团，例如当地受影响的社区代表、国家或地方政府机关、政客、民间社会组织和企业。

利益相关者的参与对于提升科学和政策领域的关注至关重要，这有助于科学家与利益相关者之间进行更紧密的互动。研究人员、社区和政策制定者之间更紧密的合作和相互学习有助于建立信任，从而实现对规划决策的普遍接受（Fürst et al.，2014）。

关于这一点，也存在两个问题：第一个是利益相关者如何参与的问题；第二个是关于如何在决策中纳入生态系统服务评估或映射的问题。

在作者阐述的经验中，在对自然基础地区的休闲潜力（CES）的评估中，利益相关者的参与是基于他们的地域权限和知识信息，这对评估必不可少。实际上，在景观中，诸如审美价值和地域感等文化优势是不可替代的（Plieninger et al.，2013），通常与地理特征和土地利用及土地覆被相关联，此外，与其他类别相比，生态系统服务中的 CES 对人类更为重要，并有可能提高当地社区的可持续性发展及其整体福祉（Plieninger et al.，2015）。在对娱乐潜力进行评估时，基于利益相关者带入情境中的经验知识/熟悉程度，利益相关者的参与不仅有助于获得"更好"的信息和知识，而且也有利于更丰富的认知。这些参与者拥有不同的背景经验，包括景观生态学、旅游和休闲、规划、自然和生物多样性。考虑到知识和经验的不同来源以及能够直接对改进政策造成的不同影响，参与行为的出发点是对定义达成共识，对分享的概念及参考系统拥有共同语言。除了参与性方法（类型、方式和工具），问题还基于共享生态系统服务的关键要素（例如定义、分类、评估所采用的方法）以达成对生态系统服务知识的共识。

为了继续参与活动的后期阶段，关于生态系统服务的知识共享是要克服的主要障碍。没有共同语言，参与过程就没有理由存在。例如，关于土地利用及土地覆被变化现象（土壤硬化或土地征用过程）的概念难题是近年来给各学科造成重大困难的琐碎问题之一。在应用适当的政策去解决冲突以及整个决策过程中，清晰性的缺乏导致各学科知识的冲突显著。生态系统服务是一个相当新的话题，其知识仍在发展中，尤其是在决策者中进行讨论。

因此，必须避免术语和方法在任何形式上的差异。实际上，即使生态系统服务的概念直到最近才得到关注，尤其是在科学和政策制定方面，但生态系统服务的实践仍不为人所知，并且与（规划）决策过程也没有关联（Fürst et al.，2014）。

最后，对决策者和广大公众而言，生态系统服务的实施必不可少地需要提高认识、主流化和沟通。这就尤其需要特别注意知识系统和操作模型，以避免知识差异。

除了本书作者的实践经验，本书还有必要增加从精选的关键案例研究（国际层面）中得来的信息，这些信息有助于了解生态系统服务在规划过程中的整合程度。这种选择的目的是回答以下问题："在规划或评估过程中应在哪些阶段以及如何应用生态系统服务方法？"

观察到生态系统服务领域的不同经验，在生态系统服务分析（例如软件测试、不同方法的应用，采用不同尺度对输出进行评估）和生态系统服务评估（从数量、质量和货币角度）方面进行了相关实践。

一些案例研究的重点是整合过程，即如何使在映射和评估阶段出现的设想变为现实。不同的研究和案例主要是方法论，提出了对集成和/或促进工具、地图或软件观点的讨论，以促进这种融合。在这种情况下，测试工具/地图/软件是否可以应用于决策中并可能影响政策制定者，缺少理论方法的实际应用。使用Science Direct和Scopus的电子数据库进行了相关文献研究，多次组合和更改了以下这些关键词："生态系统服务集成规划""案例研究生态系统服务规划""战略环境影响评价和规划"。实际上，在文献中，有很多关于生态系统服务集成在规划和/或评估过程中的案例研究，它们都提出进行了生态系统服务映射和评估，但没有最后一个重要步骤：实施和应用这些出现的备用因素。很少有案例研究使生态系统服务集成到规划中变得可行，下面的汇总中列出了这些案例，这些汇总案例包含以下信息：目标、主要内容和参考文献。选出的案例仅考虑了代表当前情况的一个示例案例，很少考虑趋势和生态系统服务集成在规划中的首次经验。

案例研究1　阿劳卡尼亚(智利)

占地面积31 842 km², 常住人口数为89万。

目标

构建与不同政策相关的土地使用情景，以评估未来生态系统服务供应。

主要内容

在研究中，提出了一种基于未来土地利用情景生成的方法，该方法模拟了替代分区政策的实施。然后，将土地利用情景对选定的生态系统服务的影响进行建模，并将其与一组指标进行比较。在智利，区域一级的空间规划受"Plan Regional de Ordenamiento Territorial"(PROT)的监管，该规划促进了土地使用分区政策的制定，用于定义整个土地(而非仅城市地区)的首选土地用途。土地使用情景包括四个主要阶段：(1)土地使用变化分析和建模；(2)预测未来土地使用数量；(3)根据不同的分区政策为未来土地征用设置激励措施和约束条件；(4)预测未来土地利用情景(图2.7)。

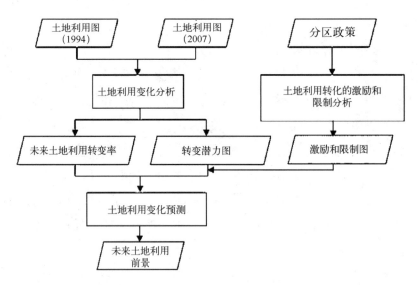

图2.7　生成土地利用情景分析的流程

矩形表示操作，平行四边形表示输入/输出(Geneletti, 2013)。

本研究对五项生态系统服务进行了映射：碳固存、水体净化、土壤保持、生境提供和木材提供。前三个使用 InVEST 进行，生境提供使用 MaxEnt 建模（Phillips et al.，2004），最后一项考虑了人工林覆盖的土地面积。预测了三种选择：

ZP0：零替代方案，即对未来分配没有任何约束或偏好。

ZP1：这项政策有利于在该地区北部和西南部地区开发新的针叶林，并在中部地区开发农业区。

ZP2：这项政策促进了该地区东部和西部地区的针叶树种植，并开发了该地区南部和中部地区更大范围内的新农业区(图 2.8)。

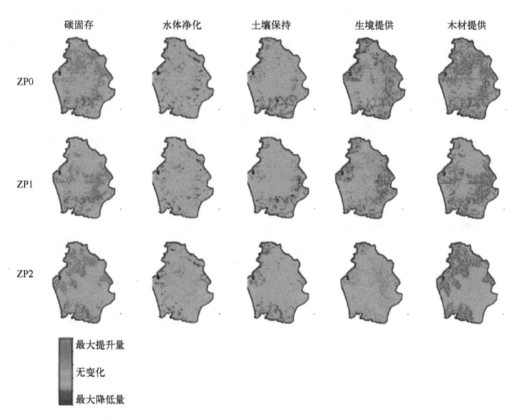

图 2.8　速率为 1 的生态系统服务建模结果

时间展望至 2050 年(Geneletti，2013)。

本研究制定了以下指标来比较分区策略对所选生态系统服务的影响：(1)与 2007 年基准相比，本区域服务提供变化的百分比；(2)在任何给定的单元中保留服务的景观所占的百分比，如果服务在 2050 年的值至少等于其 2007 年值的 90%，则认为该服务已保留；(3)服务降级的景观所占的百分比。在任何给定的

小区中，如果服务在 2050 年的值小于其 2007 年值的 50%，则该服务被认为降级
（Geneletti，2013）。

案例研究 2 　潘帕斯东南地区（阿根廷）

区域地形平坦，面积超过 $5×10^7$ hm^2，适合种植作物和畜牧业的发展。

目标

在农业发展的土地利用规划中采用生态系统服务方法学。

主要内容

该研究提出了由于土地利用变化而导致的生态系统变化评估，用于评估不同
土地规划决策导致的环境成本和收益。战略环境影响评价可以用作将生态系统服
务整合到土地使用规划中的工具。在这种情况下，其重点是提高农业发展的可持
续性，同时平衡经济竞争力、社会公平和环境健康，这需要从决策过程开始就将
相关的生物物理、经济、社会和政治考虑因素结合在一起。考虑到战略环境影响
评价程序，本研究规定了五个步骤，将生态系统服务方法与战略环境影响评价结
合起来用于农村土地利用规划（Barral and Maceira，2012）（见图 2.9）。

关于生态系统服务供应与管理的三个社会优先事项被纳入考虑：水体的净化
和提供、土壤保护和直接商品提供（主要来自农业的粮食）。

案例研究 3 　图恩区域（瑞士）

占地面积 18 023 hm^2，常住人口 106 483 人。

目标

围绕生态系统服务和位置因素对城市开发区进行分配，开发一种新的支持工
具（称为 PALM），并在基于 Web 的空间决策支持平台上实施。

主要内容

PALM（为可持续土地管理而对城市发展区进行的潜在分配）旨在支撑相关的
观点以及适当分配建筑区域保护区，同时为有关环境、社会和土地使用分配方面
的经济之间权衡取舍的各种观点提供参考。多标准决策分析（MCDA）方法被认为
是确定土地是否适合某种用途的非常有用的方法，因为它们可以在保持高度透明
的同时整合不同的决策和偏好。PALM 的出发点是通过定义主要目标，分 8 个步
骤进行开发，之后在操作上划分为 15 个评估标准，包括 7 个生态系统服务和 8
个位置因子。该过程以区域规划与案例研究过程中的利益相关者研讨会来结束。

PALM 旨在支撑各种利益相关者参与和修订《瑞士空间规划条例》的决策过

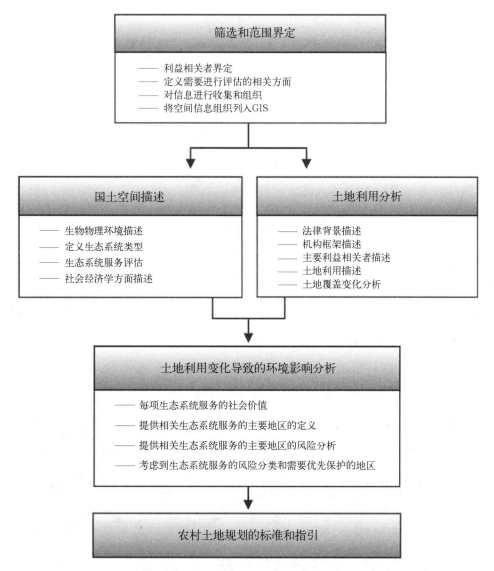

图 2.9 战略环境评价方法在农村土地利用规划中的应用

(Barral and Maceira, 2012)

程。该支撑工具已在瑞士的景观和空间规划过程中进行了测试，该过程跨越三个空间尺度(国家、州和市)进行了组织。基于 Web 的 PALM 平台可跨多个级别运行。

交互式 PALM 工具为使规划过程适应当前的挑战而作出以下两个主要贡献：(1)提高对自然资源有限性的认识；(2)通过独立选择标准和权重来整合利益相关者的偏好。PALM 证明，只有案例研究的范围跨越了市政府层面，才能权衡生态系统服务的位置因素。修订后的瑞士空间规划法规目前要求跨越行政边界规划，但实施起来仍然很困难。

案例研究 4　阿尔科谢蒂(葡萄牙)

占地面积 128 km², 常住人口约 18 000 人。

目标

确定战略环境影响评价过程在生态系统服务集成中的步骤, 探索战略环境影响评价在将生态系统服务纳入决策议程中可以发挥的作用, 并通过分析生物多样性和提供服务来讨论将生态系统服务纳入战略环境影响评价的相关性和可能的方法, 将其作为决策的关键因素。

主要内容

阿尔科谢蒂是一个市镇, 在 20 世纪 90 年代中期建造了新的 17 km 长的桥梁, 改善了通往里斯本市的交通之后, 其人口数量倍增。阿尔科谢蒂的人工土地仅占 6%, 该镇位于葡萄牙最广阔的湿地上, 因其作为物种迁徙的栖息地及"自然 2000 自然保护区"对欧洲具有重要意义。案例研究中, 在战略环境影响评价中考虑生态系统服务方法遵循以下三个基本步骤: (1)识别和映射相关生态系统服务和利益相关者(包括当地社区); (2)优先考虑生态系统服务; (3)评估生态系统服务以进行管理和监控(图 2.10)。

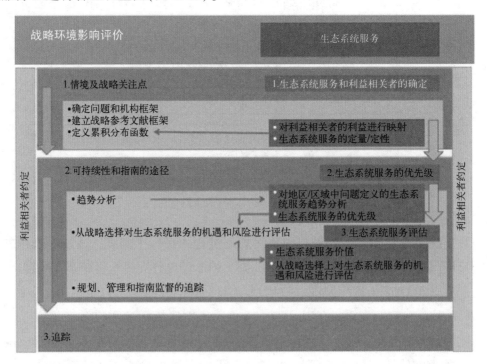

图 2.10　基于战略环境影响评价模型, 在战略环境影响评价方法学中纳入生态系统服务

(Partidário, 2000)

在战略环境影响评价过程中，研究采用参与性方法在里斯本都会区的空间规划环境中明确生态系统服务的优先级。该方法允许与在空间规划和生态系统服务上拥有不同知识水平的利益相关者相互合作。该方法可以用作利益相关者参与以生态系统服务为中心的规划过程的指导框架。它也可以用于界定战略环境影响评价范围，或用于初始或快速生态系统服务评估，其目标可能是进行"迅速但不一定完美"的评估，并可以进一步扩展。

案例研究 5 龙切尼奥(瓦卢加纳谷，意大利)

面积 3 805 km^2，常住人口约 3 000 人。

目标

定义一种基于多种尺度和生境质量的特定物种评估方法，以支持地方一级的土地利用决策。

主要内容

为了估算生态价值(由生境价值和连通性价值组成)，使用了定性的层次多属性决策模型(MADM)对选项进行分类或评估，将复杂的决策分解为较小和简单的子项，组成一种由目标、标准、子标准和替代方案组成的多层次结构。其在城市规划中的贡献是举例说明了拟建城市在发展前期和后期的影响评估，这些模拟是通过将土地用途更改为城市区域并重新评估来实现的，验证和量化了生境价值和连通性的预期变化。影响评估结果被用于针对具体案例提出生态补偿措施，旨在实现生境价值和连通性的零损失。补偿方法的应用使得我们可以预见规划情景对生境产生的潜在影响，并制定出针对该场地的措施和需要进行生态补偿的类型，这在景观规划的设计阶段具有重要意义(Scolozzi and Geneletti，2012)(见图 2.11)。

在简要介绍了对过程集成至关重要的案例研究后，可以根据用于实践研究的类别对其进行总结，以使讨论的主题连贯。其类别是：(1)生态系统服务映射；(2)生态系统服务的类型[根据 CICES (Haines-Young and Potschin，2010a)]；(3)采用的映射尺度；(4)假设的方法。

此外，还对"(5)政策考虑和规划实施的机会"内容进行了补充。这最后一个方面指导了案例研究的选择，以对博士研究期间实践经验出现的各种考虑因素进行整合(见表 2.4)。

图 2.11   规划预测及生态补偿方案

(Scolozzi and Geneletti, 2012)

表 2.4   规划中生态系统服务集成的文献案例研究汇总

	生态系统服务	服务种类	映射尺度	方法
案例研究 1	碳固存、水体净化、土壤保持、生境提供、木材提供	调节和供给服务	区域	定量
政策考虑	• 在战略环境影响评价情景分析中整合生态系统服务。替代方案的比较是战略环境影响评价的基本工具之一，用于未来规划和政策的实施 • 区域范围内与规划选择相关的权衡分析			
案例研究 2	水体净化和供应、土壤保护	调节和供应服务	部门对自然特性的定义（非机构）	定量
政策考虑	• 将生态系统服务纳入战略规划以实现预期目标，由地方当局定期实施 • 对战略环境影响评价进行筛选和范围分析，以组织和解释关于生态系统服务的可用和生成信息，并评估土地利用变化的环境影响 • 根据发展目标中不同的社会优先事项确定土地利用替代方案（战略环境影响评价方案分析）			
案例研究 3	7ES	调节、供应和文化服务	包括景观尺度的多尺度	多准则决策分析
政策考虑	让市政府参与大型市政规划的交互式利益相关者研讨会 • 多尺度方法（国家、州和地区） • 多准则分析			

	生态系统服务	服务种类	映射尺度	方法
案例研究 4	不适用	不适用	机构尺度	定性
政策考虑	• 战略环境影响评价范围界定过程的参与性框架 • 根据战略环境影响评价过程的法律要求，对管理和监测进行生态系统服务评估			
案例研究 5	居住地质量	调节服务	多尺度/地方尺度	定性
政策考虑	• 规划方案潜在影响的补偿方法 • 开发前后的土地利用情景 • 多尺度方法			

文献案例研究中出现了一些关键问题：

生态系统服务的纳入主要与战略环境影响评价流程有关，因为在这个流程中，环境因素可为决策过程提供信息/支持和影响。

生态系统服务对战略环境影响评价流程中的不同步骤进行集成，通常是在方案分析阶段，由于规划决策而提出不同的替代解决方案，并使此类生态系统服务的当前状态和趋势具有可比性。纳入生态系统服务的另一个重要步骤是知识系统（范围界定阶段），它具有将环境与人类福祉联系在一起的"全新"且不同的概述。生态系统服务也以各种方式实现利益相关者的参与：对于社区而言，生态系统服务可用于定性映射，包括其在规划和决策过程中的看法、敏感性和观点；对于政策制定者，生态系统服务可以以综合方式确定和明确决策假设。最后，战略环境影响评价的监测阶段假定生态系统服务具有更高的效率，不仅包括定量指标，还包括定性方面的考虑。

在这种研究中，生态系统服务评估受到规划中通常采用的机构尺度的影响，因此也会出现生态系统服务评估的尺度不匹配。

规划预测尺度和生态系统服务的特征之间的差异使预测空间规划效果的过程变得相当复杂。如果能够采用多尺度方法来进行生态系统服务映射和评估，就可以逐渐摆脱僵化的机构尺度。由于历史、社会、文化和环境因素以及动态因素的结合，景观尺度被广泛认为是生态系统服务应用过程的设置逻辑。原则上，评估是在最适当的生态尺度上进行的，这取决于特定的生态系统服务，然后又回到了制定决策的机构尺度。这突出说明了前文已经解释过的在决策过程中处理环境问题的困难，在该过程中，没有对规划进行建模以正确考量生态系统服务承载力。

采用生态补偿方法来重新定义和改进土地用途变更建议。

补偿措施的实施与欧盟倡导的做法相一致（European Commission，2012），其主要经验与斯科洛齐和杰内莱蒂在文献案例研究中提出的经验类似（Scolozzi and Geneletti, 2012），开始为环境损害的恢复考虑减轻和补偿措施。除了空间分布，增量措施还包括定量评估。从这个意义上讲，出现了一种新的需要，即通过着眼于决策的战略层面，而不是仅仅针对单个项目层面来处理补偿问题。空间规划会影响生态系统服务为城市改造和随之而来的土地占用过程设定框架，因此代表了生态补偿的相关应用领域。

参考文献

Arcidiacono A, Ronchi S, Salata S (2015) Ecosystem services assessment using InVEST as a tool to support decision making process: critical issues and opportunities. In: Computational science and its applications—ICCSA 2015, pp 35-49.

Bailey R G (1985) The factor of scale in ecosystems mapping. Environ Manage 9: 271-276.

Balmford A, Bruner A, Cooper P et al (2002) Economic reasons for conserving wild nature. Science 297: 950-953. https://doi.org/10.1126/science.1073947.

Barton D N, Lindhjem H, Magnussen N K, Holen S, Norge S (2012) Valuation of ecosystem services from Nordic Watersheds.

Bastian O, Haase D, Grunewald K (2012) Ecosystem properties, potentials and services—the EPPS conceptual framework and an urban application example. Ecol Indic 21: 7-16. https://doi.org/10.1016/j.ecolind.2011.03.014.

Biggs R, Schlüter M, Biggs D et al (2012) Toward principles for enhancing the resilience of ecosystem services. Annu Rev Environ Resour 37: 421-448. https://doi.org/10.1146/annurevenviron-051211-123836.

Borgström S T, Elsqmvist T, Angelstam P, Alfsen-Norodom C (2006) Scale mismatches in management of urban landscapes. Ecol Soc 11. https://doi.org/10.1097/mcc.0b013e32807f2aa5.

Boyd J (2011) Seminar 3: valuation of ecosystem services-economic valuation, ecosystem services, and conservation strategy. Measuring nature's balance sheet 2011 ecosystem services seminar series: catalyzing a community of practice that integrates nature's true value into workable solutions to achieve conservation outcomes. Coastal Quest and Gordon and Betty Moore Foundation, Palo Alto, pp 178-189.

Brambilla M, Ronchi S (2016) The park-view effect: residential development is higher at the boundaries of protected areas. Sci Total Environ 569-570: 1402-1407. https://doi.org/10.1016/j.scitotenv.2016.06.223.

Burkhard B, Kroll F, Müller F (2010) Landscapes' capacities to provide ecosystem services—a concept for land-cover based assessments. Landsc Online 1-22. https://doi.org/10.3097/lo.200915.

Burkhard B, Kroll F, Nedkov S, Müller F (2012) Mapping ecosystem service supply, demand and budgets.

Ecol Indic 21：17-29. https：//doi. org/10. 1016/j. ecolind. 2011. 06. 019.

Burkhard B, Crossman N, Nedkov S et al（2013）Mapping and modelling ecosystem services for science, policy and practice. Ecosyst Serv 4：1-3. https：//doi. org/10. 1016/j. ecoser. 2013. 04. 005.

Burkhard B, Kandziora M, Hou Y, Müller F（2014）Ecosystem service potentials, flows and demands-concepts for spatial localisation, indication and quantification. Landsc Online 34：1-32. https：//doi. org/10. 3097/LO. 201434.

Chan K M A, Shaw M R, Cameron D R et al（2006）Conservation planning for ecosystem services. PLoS Biol 4：2138-2152. https：//doi. org/10. 1371/journal. pbio. 0040379.

Chan K M A, Satterfield T, Goldstein J（2012）Rethinking ecosystem services to better address and navigate cultural values. Ecol Econ 74：8-18. https：//doi. org/10. 1016/j. ecolecon. 2011. 11. 011.

Costanza R（2008）Ecosystem services：multiple classification systems are needed. Biol Conserv 141：350-352. https：//doi. org/10. 1016/j. biocon. 2007. 12. 020.

Costanza R, Liu S（2014）Ecosystem services and environmental governance：comparing China and the U. S. Asia Pacific Policy Stud 1：160-170. https：//doi. org/10. 1002/app5. 16.

Costanza R, D'Arge R, de Groot R et al（1997）The value of the world's ecosystem services and natural capital. Nature 387：253-260. https：//doi. org/10. 1038/387253a0.

Creswell J W（2003）Research design. In：Qualitative, quantitative, and mixed methods approaches. California.

Crossman N D, Burkhard B, Nedkov S et al（2013）A blueprint for mapping and modelling ecosystem services. Ecosyst Serv 4：4-14. https：//doi. org/10. 1016/j. ecoser. 2013. 02. 001.

Daily G C（1997）Nature's services：societal dependence on natural ecosystems. Ecology Soc 392.

de Groot R, Wilson M A, Boumans R M J（2002）A typology for the classification, description and valuation of ecosystem functions, goods and services. Ecol Econ 41：393-408. https：//doi. org/10. 1016/s0921-8009（02）00089-7.

de Groot R, Alkemade R, Braat L et al（2010）Challenges in integrating the concept of ecosystem services and values in landscape planning, management and decision making. Ecol Complex 7：260-272. https：//doi. org/10. 1016/j. ecocom. 2009. 10. 006.

Dendoncker N, Keune H, Jacobs S, Gómez-Baggethun E（2013）Inclusive ecosystem services valuation. Ecosyst Serv Glob Issues, Local Pract 3-12. https：//doi. org/10. 1016/b978-0-12-419964-4. 00001-9.

Duraiappah A K, Asah S T, Brondizio E S et al（2014）Managing the mismatches to provide ecosystem services for human well-being：a conceptual framework for understanding the new commons. Curr Opin Environ Sustain 7：94-100. https：//doi. org/10. 1016/j. cosust. 2013. 11. 031.

ERSAF（2013）Il ruolo dell'agricoltura conservativa nel bilancio del carbonio AgriCO2 ltura European Commission（2012）Guidelines on best practice to limit, mitigate or compensate soil sealing.

Fisher B, Turner K R, Morling P（2009）Defining and classifying ecosystem services for decision making.

Ecol Econ 68: 643-653. https: //doi. org/10. 1016/j. ecolecon. 2008. 09. 014.

Fisher B, Bateman I J, Turner R K (2011) Valuing ecosystem services: benefits, values, space and time. Ecosyst Serv Econ Work Pap Ser 11. https: //doi. org/10. 4324/9780203847602.

Folke C, Pritchard L, Berkes F et al (2007) The problem of fit between ecosystems and institutions: ten years later. Ecol Soc 12: 30.

Freeman R E (1984) Strategic management: a stakeholder approach. Boston.

Fremier A K, DeClerck F A J, Bosque-Pérez N A et al (2013) Understanding spatiotemporal lags in ecosystem services to improve incentives. Bioscience 63: 472-482. https: //doi. org/10. 1525/bio. 2013. 63. 6. 9.

Fürst C, Opdam P, Inostroza L, Luque S (2014) Evaluating the role of ecosystem services in participatory land use planning: proposing a balanced score card. Landsc Ecol 29: 1435-1446. https: //doi. org/ 10. 1007/s10980-014-0052-9.

García-Nieto A P, García-Llorente M, Iniesta-Arandia I, Martín-López B (2013) Mapping forest ecosystem services: from providing units to beneficiaries. Ecosyst Serv 4: 126-138. https: //doi. org/ 10. 1016/j. ecoser. 2013. 03. 003.

Gardi C, Brenna S, Solaro S et al (2007) The carbon sequestration potential of soils data from Northern Italian regions. Ital J Agron—Riv Agron 2: 143-150.

Gibson C C, Ostrom E, Ahn T K (2000) The concept of scale and the human dimensions of global change: a survey. Ecol Econ 32: 217-239. https: //doi. org/10. 1016/S0921-8009(99)00092-0.

Gómez-Baggethun E, Barton D N (2012) Classifying and valuing ecosystem services for urban planning. Ecol Econ 86: 235-245. https: //doi. org/10. 1016/j. ecolecon. 2012. 08. 019.

Gómez-Baggethun E, Gren Å, Barton D N et al (2013a) Urban ecosystem services.

Gómez-Baggethun E, Kelemen E, Martín-López B et al (2013b) Scale misfit in ecosystem service governance as a source of environmental conflict. Soc Nat Resour 26: 1202-1216. https: //doi. org/ 10. 1080/08941920. 2013. 820817.

Gómez-Baggethun E, Martín-López B, Barton D et al (2014) State-of-the-art report on integrated valuation of ecosystem services.

Grêt-Regamey A, Weibel B, Bagstad K J et al (2014) On the effects of scale for ecosystem services mapping. PLoS One 9: e112601. https: //doi. org/10. 1371/journal. pone. 0112601.

Guerry A D, Polasky S, Lubchenco J et al (2015) Natural capital and ecosystem services informing decisions: from promise to practice. Proc Natl Acad Sci 112: 7348-7355. https: //doi. org/10. 1073/ pnas. 1503751112.

Haines-Young R H, Potschin M B (2009) The links between biodiversity, ecosystem services and human well-being. Ecosyst Ecol New Synth 31. https: //doi. org/10. 1017/cbo9780511750458.

Haines-Young R, Potschin M (2010a) Common international classification of ecosystem goods and services (CICES): consultation on version 4, August–December 2012. EEA Framework Contract No EEA/IEA/

09/003. Contract 30. https：//doi. org/10. 1038/nature10650.

Haines-Young R, Potschin M (2010b) The links between biodiversity, ecosystem services and human well-being. In：Raffaelli DG, Frid CLJ (eds) Ecosystem ecology：a new synthesis. Cambridge University Press, Cambridge, pp 110-139.

Hein L, van Koppen K, de Groot R, van Ierland EC (2006) Spatial scales, stakeholders and the valuation of ecosystem services. Ecol Econ 57：209-228. https：//doi. org/10. 1016/j. ecolecon. 2005. 04. 005.

Helian L, Shilong W, Guanglei J, Ling Z (2011) Changes in land use and ecosystem service values in Jinan, China. Energy Procedia 5：1109-1115. https：//doi. org/10. 1016/j. egypro. 2011. 03. 195.

Jackson B, Pagella T, Sinclair F et al (2013) Polyscape：a GIS mapping framework providing efficient and spatially explicit landscape-scale valuation of multiple ecosystem services. Landsc Urban Plan 112：74-88. https：//doi. org/10. 1016/j. landurbplan. 2012. 12. 014.

Kremen C (2005) Managing ecosystem services：what do we need to know about their ecology? Ecol Lett 8：468-479. https：//doi. org/10. 1111/j. 1461-0248. 2005. 00751. x.

Langemeyer J, Gómez-Baggethun E, Haase D et al (2016) Bridging the gap between ecosystem service assessments and land-use planning through multi-criteria decision analysis (MCDA). Environ Sci Policy 62：45-56. https：//doi. org/10. 1016/j. envsci. 2016. 02. 013.

Lautenbach S, Kugel C, Lausch A, Seppelt R (2011) Analysis of historic changes in regional ecosystem service provisioning using land use data. Ecol Indic 11：676-687. https：//doi. org/10. 1016/j. ecolind. 2010. 09. 007.

Maes J, Egoh B, Willemen L et al (2012) Mapping ecosystem services for policy support and decision making in the European Union. Ecosyst Serv 1：31-39. https：//doi. org/10. 1016/j. ecoser. 2012. 06. 004.

Maes J, Liquete C, Teller A et al (2016) An indicator framework for assessing ecosystem services in support of the EU biodiversity strategy to 2020. Ecosyst Serv 17：14-23. https：//doi. org/10. 1016/j. ecoser. 2015. 10. 023.

Malinga R, Gordon L J, Jewitt G, Lindborg R (2014) Mapping ecosystem services across scales and continents—a review. Ecosyst Serv. https：//doi. org/10. 1016/j. ecoser. 2015. 01. 006.

Martinez-Alier J, Munda G, O'Neill J (1998) Weak comparability of values as a foundation for ecological economics. Ecol Econ 26：277-286. https：//doi. org/10. 1016/S0921-8009(97)00120-1.

Martínez-Harms M J, Balvanera P (2012) Methods for mapping ecosystem service supply：a review. Int J Biodivers Sci Ecosyst Serv Manag 8：17-25. https：//doi. org/10. 1080/21513732. 2012. 663792.

Martín-López B, Gómez-Baggethun E, García-Llorente M, Montes C (2014) Trade-offs across value-domains in ecosystem services assessment. Ecol Indic 37：220-228. https：//doi. org/10. 1016/j. ecolind. 2013. 03. 003.

McCauley D J (2006) Selling out on nature. Nature 443：27-28. https：//doi. org/10. 1038/443027a.

Medcalf K, Small N, Finch C et al (2014) Further development of a spatial framework for mapping ecosystem services.

Metzger M J J, Rounsevell M D A, Acosta-Michlik L et al (2006) The vulnerability of ecosystem services to land use change. Agric Ecosyst Environ 114：69 - 85. https：//doi. org/10. 1016/j. agee. 2005. 11. 025.

Millennium Ecosystem Assessment (2005a) Dealing with scale. In：Ecosystems and human well-being：a framework for assessment, pp 107-147.

Millennium Ecosystem Assessment (2005b) Ecosystems and human well-being Ministero delle Politiche Agricole Alimentari e Forestali, Corpo Forestale dello Stato C per la R e la S in A Inventario nazionale delle foreste e dei serbatoi forestali di carbonio. http：//www. sian. it/.

Munda G (2002) "Social multi-criteria evaluation (SMCE)"：methodological foundations and operational consequences. Eur J Oper Res 1-19.

Nagendra H, Ostrom E (2012) Polycentric governance of multifunctional forested landscapes. Int J Commons 6：104-133. https：//doi. org/10. 18352/ijc. 321.

Naidoo R, Balmford A, Costanza R et al (2008) Global mapping of ecosystem services and conservation priorities. Proc Natl Acad Sci USA 105：9495-9500. https：//doi. org/10. 1073/pnas. 0707823105.

Nowak D J, Crane D E, Stevens J C (2006) Air pollution removal by urban trees and shrubs in the United States. Urban For Urban Green 4：115-123. https：//doi. org/10. 1016/j. ufug. 2006. 01. 007.

Paracchini M L, Zulian G, Kopperoinen L et al (2014) Mapping cultural ecosystem services：a framework to assess the potential for outdoor recreation across the EU. Ecol Indic 45：371-385. https：//doi. org/ 10. 1016/j. ecolind. 2014. 04. 018.

Pearce D, Atkinson G, Mourato S (2006) Cost-benefit analysis and the environment：recent developments. France, Paris.

Petrella F, Piazzi M (2005) Il carbonio organico negli ecosistemi agrari e forestali del Piemonte：misure ed elaborazioni. Torino.

Plieninger T, Dijks S, Oteros-Rozas E, Bieling C (2013) Assessing, mapping, and quantifying cultural ecosystem services at community level. Land use policy 33：118 - 129. https：//doi. org/10. 1016/ j. landusepol. 2012. 12. 013.

Plieninger T, Bieling C, Fagerholm N et al (2015) The role of cultural ecosystem services in landscape management and planning. Curr Opin Environ Sustain 14：28 - 33. https：//doi. org/10. 1016/ j. cosust. 2015. 02. 006.

Polasky S, Nelson E, Lonsdorf E et al (2005) Conserving species in a working landscape：land use with biological and economic objectives. Ecol Appl 15：1387-1401. https：//doi. org/10. 1890/1051-0761 (2005)15[2209：e]2. 0. co；2.

Ponce-Hernandez R (2004) Assessing carbon stocks and modelling win-win scenarios of carbon sequestration through land-use changes. Roma.

Primmer E, Furman E, Potschin M et al (2013) Bridging the gap between ecosystem service assessments and land-use planning through multi-criteria decision analysis (MCDA). Ecol Econ 4：203-213.

https://doi.org/10.1016/j.geoderma.2013.08.013.

Schägner J P, Brander L, Maes J, Hartje V（2013）Mapping ecosystem services' values: current practice and future prospects. Ecosyst Serv 4: 33-46. https://doi.org/10.1016/j.ecoser.2013.02.003.

Scholes R, Reyers B, Biggs R et al（2013）Multi-scale and cross-scale assessments of social-ecological systems and their ecosystem services. Curr Opin Environ Sustain 5: 16-25. https://doi.org/10.1016/j.cosust.2013.01.004.

Scholz T, Ronchi S, Hof A（2016）Ökosystemdienstleistungen von Stadtbäumen in urban-industriellen Stadtlandschaften—analyse, Bewertung und Kartierung mit Baumkatastern. In: AGIT 2-2016 Journal für Angewandte Geoinformatik, pp 462-471.

Scolozzi R, Geneletti D（2012）A multi-scale qualitative approach to assess the impact of urbanization on natural habitats and their connectivity. Environ Impact Assess Rev 36: 9-22. https://doi.org/10.1016/j.eiar.2012.03.001.

Seppelt R, Dormann C F, Eppink F V et al（2011）A quantitative review of ecosystem service studies: approaches, shortcomings and the road ahead. J Appl Ecol 48: 630-636. https://doi.org/10.1111/j.1365-2664.2010.01952.x.

Steffen W, Crutzen J, McNeill J R（2007）The anthropocene: are humans now overwhelming the great forces of nature? Ambio 36: 614-621. https://doi.org/10.1579/0044-7447（2007）36[614: -taahno] 2.0.co; 2.

Sumarga E, Hein L（2014）Mapping ecosystem services for land use planning, the case of Central Kalimantan. Environ Manage 54: 84-97. https://doi.org/10.1007/s00267-014-0282-2.

Syrbe R U, Walz U（2012）Spatial indicators for the assessment of ecosystem services: providing, benefiting and connecting areas and landscape metrics. Ecol Indic 21: 80-88. https://doi.org/10.1016/j.ecolind.2012.02.013.

Tallis H, Polasky S（2009）Mapping and valuing ecosystem services as an approach for conservation and natural-resource management. Ann NY Acad Sci 1162: 265-283. https://doi.org/10.1111/j.1749-6632.2009.04152.x.

Tallis H T, Ricketts T, Guerry A D, et al. … PCKR（2011）InVEST 2.0 beta user's guide. The Natural Capital Project, Stanford.

TEEB（2009）The economics of ecosystems and biodiversity（TEEB）for national and internationalpolicy makers.

The Scottish Government（2016）Getting the best from our land: a land use strategy for Scotland, vol 47.

Turner K G（2015）Mapping and modelling ecosystem services to explore characteristics of socio-ecological systems. Aarhus University.

UNWTO, A T T A（2014）Global report on adventure tourism, vol 88. https://doi.org/10.1007/s13398-014-0173-7.2.

USDA Forest Service（2008）I-Tree vue user's manual, v.3.0.

Vandewalle M, Sykes M T, Harrison P A et al (2008) Review paper on concepts of dynamic ecosystems and their services—RUBICODE. Environ Res 94. http：//www. rubicode. net/rubicode/RUBICODE _ Review_on_Ecosystem_Services. pdf.

Verburg P H, Schot P P, Dijst M J, Veldkamp A (2004) Land use change modelling：current practice and research priorities. GeoJournal 61：309-324. https：//doi. org/10. 1007/s10708-004-4946-y.

Vermeulen S, Koziell I (2002) Integrated global and local value, vol 113.

Vlachopoulou M, Coughlin D, Forrow D et al (2014) The potential of using the ecosystem approach in the implementation of the EU water framework directive. Sci Total Environ 470：684 – 694. https：// doi. org/10. 1016/j. scitotenv. 2013. 09. 072.

Vollmer D, Pribadi D O, Remondi F et al (2015) Prioritizing ecosystem services in rapidly urbanizing river basins：a spatial multi-criteria analytic approach. Sustain Cities Soc 20：237-252. https：//doi. org/ 10. 1016/j. scs. 2015. 10. 004.

Vorstius A C, Spray C J (2015) A comparison of ecosystem services mapping tools for their potential to support planning and decision – making on a local scale. Ecosyst Serv 15：75 – 83. https：//doi. org/ 10. 1016/j. ecoser. 2015. 07. 007.

VV. A A. (2002) Assorbimento e fissazione di carbonio nelle foreste e nei prodotti legnosi.

Zhang Y, Holzapfel C, Yuan X (2013) Scale – dependent ecosystem service. Ecosyst Serv Agric Urban Landsc 107-121. https：//doi. org/10. 1002/9781118506271. ch7.

第三章　规划和评估过程中的生态系统服务整合

摘要： 本章说明了由作者设计的被称为"重启生态系统服务"(RES)的理论方法，用于指导在预测涉及土地利用和土地覆被变化的规划过程中，如何有效应用生态系统服务保持生态平衡。重启生态系统服务是一个循序渐进的过程，可作为生态系统服务方法的实际应用。

当前，关于生态系统服务研究的关键不是分析其定义，而是如何在城市规划和决策过程中应用。考虑到本书前面各章中所阐述的知识，本章就生态系统服务与规划内容关系重新提出了关键问题，并以综合方式对这些问题进行了拓展，从而达到将生态系统服务理论直接纳入规划活动的实际操作层面的目的。

为了使该方案更加切实可行，本章基于实际案例研究提出了重启生态系统服务方法，确保可以简单判断所有考虑因素(度量、评估、方法和规划整合)，并尽量使重启生态系统服务方法可信且可行。

该方案以欧盟限制、缓解和补偿水土流失及相关的生态系统战略为起点。欧盟指南(European Commission, 2012)和之后的包括避免、减少或补偿土地征用措施的手册(European Commission, 2016)，建议并促使成员国采用额外立法手段以遏制土地征用过程所带来的负面影响。这些策略也在最近的管理层级(在意大利为市政当局)维护关键原则并进行管理和控制的过程中得到应用。目前缺少的是使用这些准则可行的方法。

重启生态系统服务考虑了四个关键点。

● 将生态系统服务映射和建模阶段作为建立土地利用及土地覆被能力的必要工具，用于支撑和执行社会及生态系统关键功能。该分析以 CICES 分类方法所定义的三个最重要类别的生态系统服务为基础而展开(Haines-Young et al., 2010)。

● 分析土地利用及土地覆被变化①(确定土地征用过程)对生态系统服务供应的潜在影响，通过地方城市规划(AT-转型区域)完成的计划城市转型预测获得；

---

① 在本部分，土地利用及土地覆被变化被理解为耕地、自然和半自然土地向人工地表的转变。

- 应用生态系统服务能力(ESC)指数来表达土地利用及土地覆被提供生态系统服务的能力;

- 基于生态系统服务能力指数,参照欧盟委员会在 2012 年建议的三项限制土壤硬化和土地采伐的措施,来定义维持、恢复或增加整体生态系统服务能力的策略:(1)限制土地利用及土地覆被的变化(阻止转型);(2)缓解(即采取措施维持生态系统的某些功能,以减少"对环境和人类福祉造成任何重大直接或间接负面影响");(3)补偿["在缓解措施不足时,将采取补偿措施以维持或恢复特定地区土壤的整体能力,以实现(大部分)功能"]。

方案的可行性主要取决于其与规划目标的整合程度,主要考虑其在战略环境影响评价流程内的强制执行性,因此,应在每个规划或评估阶段确定重启生态系统服务的实施程序。

第四章将对重启生态系统服务的工作原理及如何在规划过程中实施进行详细阐述。

3.1 重启生态系统服务的应用(以米兰大都市区为例)

本方案结合了前述的不同方法,并对这些方法进行了重新解释及修改,同时增加了另一种方法。重启生态系统服务理论是生态系统服务方法的实际应用。它由一个循序渐进的过程组成,是一种能够从生态系统服务角度重启规划过程的真正创新方法。"重启生态系统服务"这个名称清楚地表达了该方法的内涵。

有必要在此进行着重澄清:该方法提供了在规划中集成生态系统服务的一系列流程。为了使该应用可行,在伦巴第(意大利西北部)进行了案例研究,所有参数均基于当地地域条件和特征,并依据重启生态系统服务情境进行设置。因此,该方法在所有情况下都是可复制且可行的,但是参数或值是基于特定的某一地点,因此需要进行精确调整。

因状况的相关性以及建模方法的重要性,研究案例的选择被认为至关重要。首先,本次案例研究最开始选择了米兰市区。米兰是位于波河河谷西北段的伦巴第大区的首府。考虑到重启生态系统服务方法的应用,对转型区域的实现所带来的潜在影响进行了测试。与其他潜在研究案例相比,米兰市区的价值量较小,因为地方政府规划定义的转型区域通常涉及城市化地区,例如废弃的铁路院子、军事区域和棕地。因此,就环境影响和生态系统服务能力而言,这些潜在转变的影响被认为不那么重要。因此,重启生态系统服务输出与实际土地问题不匹配的风险相对较高。

此外，研究案例的选择还考虑了行政边界对基于生态系统服务的基础方法的限制。该方法在整个机构框架内起作用，对生态系统服务能力的累积影响进行评估。

因此，决定从景观的角度选择一个均质的土地区域，其中潜在的土地利用变化会影响景观的整体稳定性。这些均质的区域被称为"景观单元"(Ambititerritoriali di Paesaggio，AP)，是在自然条件(地质、形态、土壤和气候)和土地利用上具有一定程度均质性的连贯空间区域。

因此，景观单元被认为是一个土地区域，其结构和范围与其动力学和地貌的均质性相一致。伦巴第地区的景观规划(RLP)①提供了对景观单元的定义，识别了结构要素的共同形态特征(例如水系统、文化遗产和人为要素)、相似地质含义以及共享的土地利用及土地覆被动力学。同时，对景观单元进行了考虑，以识别不同的现有景观、特征和重要性以及影响它们变化的因素(Bisquert et al.，2015)②。

可以通过与植被类型及气候、环境条件、人类活动相关的季节性和空间格局来定义景观(Bisquert et al.，2015)，这是自然与人类行为之间长期相互作用的结果。生态系统和景观已成为科学和政策中的关键问题。正如文献案例研究中所强调的，在景观尺度上进行规划尤其被认为是与土地征用决策有关的考虑生态系统质量、多样性、流量和分布的最有效且最相关的方法(Hein et al.，2006；Termor-shuizen and Opdam，2009；de Groot et al.，2010；Albert et al.，2015)。

在起草新版景观规划的过程中，根据《文化遗产和景观法》③(Codice dei Beni culturei e del paesaggio)中第42/2004号法律第135、136、142和143条定义的立法规定，特别关注了景观单位的定义，确认或修改了规划中强制包含的领域。

景观单元的识别包括具有领土权限的分区域行政级别参与，用于协作并有助于正确界定相似区域。该区域的边界是基于具有公认的同一性和独特形态特征的地理特征，并根据"景观地区-FP"(Fascia di Paesaggio)的定义划定的。

---

① 如阿西迪亚科诺等(2016)所述：在意大利，根据国家参考指南框架，景观规划在法律上受到区域法规的约束。在伦巴第大区，2005年第12号的法令《规划法》第19篇，推出了"区域国土空间规划"(Piano Territoriale Regionale)，目的是根据国家景观和环境立法《文化遗产和景观法》(第42/2004号法律)，为不同的州级职能提供一个法规框架。区域国土空间规划由特定方面组成，专门针对景观方面。该部分称为"区域景观规划"(Piano Pae-saggistico Regionale)。

② 有关尺度问题的其他详细信息请参考步骤1(本章第3.2.1节)：尺度的定义。

③ 新版RLP提供的FP标识明确了有效RLP中已经标识的内容，仅增加了与都市化市区相关的补充区。

这些景观地区为:

阿尔卑斯山脉地区(Fascia alpina);前阿尔卑斯山脉地区(Fascia prealpina);希尔区(Fascia collinare);北部洪泛区(Fascia dell'alta pianura);南部洪泛区(Fascia della bassa pianura);莱伯帕韦斯地区(Fascia dell'Oltrepo);河谷地区(Fascia delle valli fluviali);波河河谷地区(Fasce della valle fluviale del Po)(图3.1)。

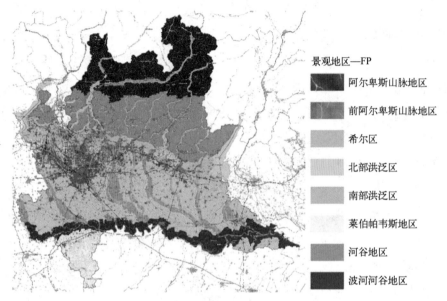

景观地区—FP

- ■ 阿尔卑斯山脉地区
- ■ 前阿尔卑斯山脉地区
- ■ 希尔区
- ■ 北部洪泛区
- ■ 南部洪泛区
- ■ 莱伯帕韦斯地区
- ■ 河谷地区
- ■ 波河河谷地区

图3.1 景观规划中定义的景观地区(更新于2016年11月)

资料来源:Lombardy region, Regional Landscape Plan, 2016—Tav. QC 1.1。

在单个地区内部,基于景观特征的特定景观规划被认为超出了行政范围(市级和省级)。有57个景观规划①被识别出来,如图3.2所示。

景观单元被认为是最适用于案例研究分析的区域范围。景观单元的确定是基于最近几十年来的土地利用及土地覆被变化。米兰市区是选定地区中最大的人工地表覆盖范围。

米兰大都市区面积为1 575 km²,居住人口为3 869 037,是意大利的第三大地表硬化区域,其比例在25%~30%,对应的绝对值大于40 000 hm²(报告年份:2015)(Istituto Superiore per la Protezione e la Ricerca Ambientale, 2015)。它由134个市镇组成,位于伦巴第的中西部,高波河河谷山中,在提契诺河(Ticino)(西侧)和阿达河(Adda)(东侧)之间,横跨奥洛纳河(Olona)、兰布罗河(Lambro)、

---

① 原文中记为57个景观规划,但是对应的图3.2图例中只标有56个。——译者注

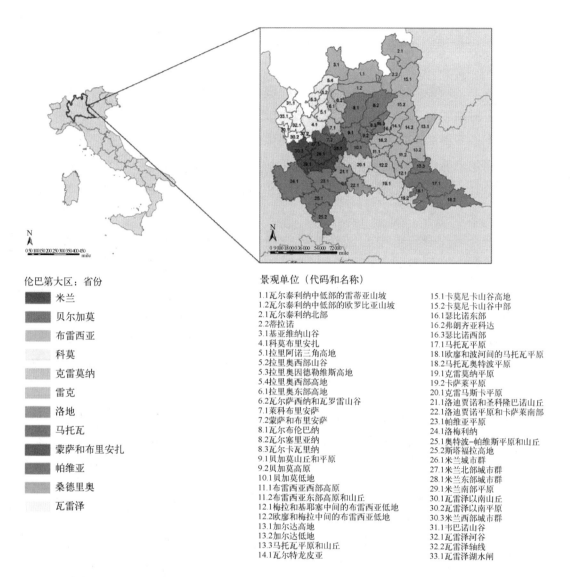

伦巴第大区：省份

- 米兰
- 贝尔加莫
- 布雷西亚
- 科莫
- 克雷莫纳
- 雷克
- 洛地
- 马托瓦
- 蒙萨和布里安扎
- 帕维亚
- 桑德里奥
- 瓦雷泽

景观单位（代码和名称）

1.1瓦尔泰利纳中低部的雷蒂亚山坡
1.2瓦尔泰利纳中低部的欧罗比亚山坡
2.1瓦尔泰利纳北部
2.2蒂拉诺
3.1基亚韦纳山谷
4.1科莫布里安扎
5.1拉里奥诺三角高地
5.2拉里奥西部山谷
5.3拉里奥因德勒勒维斯高地
5.4拉里奥西部高地
6.1拉里奥东部高地
6.2瓦尔萨西纳和瓦罗雷山谷
7.1莱科布里安萨
7.2蒙萨和布里安扎
8.1瓦尔布伦巴纳
8.2瓦尔塞里亚纳
8.3瓦尔卡瓦里纳
9.1贝加莫山丘和平原
9.2贝加莫高原
10.1贝加莫低地
11.1布雷西亚西部高原
11.2布雷西亚东部高原和山丘
12.1梅拉和基耶塞中间的布雷西亚低地
12.2欧廖和梅拉中间的布雷西亚低地
13.1加尔达高地
13.2加尔达低地
13.3马托瓦平原和山丘
14.1瓦尔特龙皮亚

15.1卡莫尼卡山谷高地
15.2卡莫尼卡山谷中部
16.1瑟比诺东部
16.2弗朗齐亚科达
16.3瑟比诺西部
17.1马托瓦平原
18.1欧廖和波河间的马托瓦平原
18.2马托瓦奥特罗波平原
19.1克雷莫纳平原
19.2卡萨莱平原
20.1克雷马斯卡平原
21.1洛迪贾诺和圣科隆巴诺山丘
22.1洛迪贾诺平原和卡萨莱南部
23.1帕维亚平原
24.1洛梅利纳
25.1奥特波—帕维维斯平原和山丘
25.2斯塔福拉高地
26.1米兰城市群
27.1米兰北部城市群
28.1米兰东部城市群
29.1米兰南部平原
30.1瓦雷泽以南山丘
30.2瓦雷泽以南平原
30.3米兰西部城市群
31.1韦巴诺山谷
32.1瓦雷泽河谷
32.2瓦雷泽轴线
33.1瓦雷泽湖水闸

图3.2　意大利北部的伦巴第地区的区域图(左)和伦巴第大区景观规划(2016)中定义的景观单元(右)
资料来源：作者根据2016年伦巴第大区景观规划进行的阐述。

塞维索河(Seveso)以及米兰的人工运河网络(Naviglio Grande，Martesana，Pavese Canal)和一些溪流(Lura，Bozzente，Molgora)。

　　持续进行的城市发展导致了景观的破碎化(European Environment Agency，2006)。1954—2012年的土地利用及土地覆被变化表明，城市建成区的扩张程度很高。这种情况的发生尤其以农业和森林面积的减少为代价。

　　考虑到大都市地区的城市形态特征，它表现出不同程度的连续性、"多孔性"以及巨大的土地利用方式异质性。即使分布较为分散，居民点体系也会在所选区域的边界上具有一定的连续性，因此核心区域和外围区域之间没有严格的关系，不是一个由城市多中心区域而发展的网络系统（Murakami et al.，2005）。

实际上，大都市区北侧以高度连续的密集城市空间为特征，而南部地区则以普遍的农村地区为主导，紧凑型城市与农村地区之间形成了鲜明的对比，而农村没有因土地开垦而带来土地征用过程和硬化问题。

前阿尔卑斯山脉地区和南部山谷的平坦部分主要由重要的自然景观所主导，这些自然景观由区域公园机构（在20世纪80年代）保护，后来又由被"自然2000自然保护区"保护。

城市区域代表着市中心以外地区的高土地占用率，该地区的一些关键特征是：

- 市区北部和南部受到不同土壤硬化强度影响；

- 与其他国家的案例相比，城市地区受再利用发展的影响较小，但最近的区域数据库显示其再利用指数迅速增加，尤其是在2007—2012年；

- 居民点体系是连续的而不是分散的，甚至由不同的均值混合构成（跨越式、剥离式和带状发展），而且破碎化似乎也受到限制。

根据ERSAF伦巴第公司提供的名为"DUSAF – Destinazione d'Uso dei SuoliAgricoli e Forestali"的数据库对土地利用及土地覆被变化进行详细且深入的分析后发现，2007年和2012年这两个阈值，揭示了米兰市区最大部分的土地征用过程是因生产和商业功能所产生的，而不是因不连续的城市纹理而组成的新型住宅用途。其他重要的土地占用涉及"建筑用地"（10%）、"城市绿色公园和城市绿地"（8%）、"退化、无植被和已开采"（8%）、"基础设施系统"（5%）、"农业用地"（5%）。

考虑到这种地域特征，案例研究区域被选择用以评估该区域经历过的主要土地利用及土地覆被变化过程的生态系统服务能力。目的是验证城市规划中出现的转型区域对生态系统服务提供带来的潜在影响。

因此，米兰大都市区的六个景观单元被纳入考虑：

米兰城市群，代号26.1（Conurbazione di Milano）；米兰北部城市群，代号27.1（Conurbazione Milanese settentrionale）；米兰东部城市群，代号28.1（Conurbazione Milanese orientale）；米兰西部城市群，代号30.3（Conurbazione Milanese occidentale）；蒙萨和布里安萨城市群，代号7.2（Brianza monzese）；米兰南部的洪泛区，代号29.1（Pianura del Sud milanese）（见图3.3）。

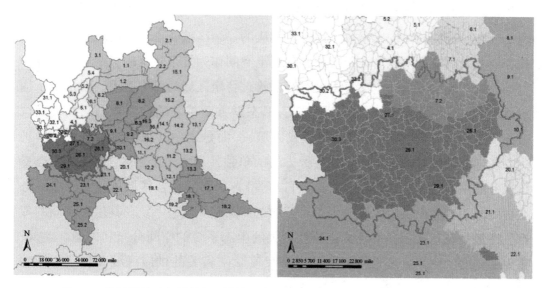

图3.3 伦巴第地区案例研究区域的区域图(左)以及案例研究区域的详细情况(右)

调查范围已扩展到预期范围之外,还包括邻近的市镇,以确保为生态系统服务映射选择的 InVEST 软件的正常运行。

研究红线中包括238个市镇,分别属于9个省:贝加莫(Bergamo)(8个),科莫(Como)(8个),克雷莫纳(Cremona)(1个),莱科(Lecco)(6个),洛迪(10个),米兰(133个),蒙萨和布里安萨(Monza e Brianza)(49个),帕维亚(12个)和瓦雷泽(Varese)(11个)。

3.2 循序渐进的方法理论

以下是"重启生态系统服务"的实现步骤,能够确保在规划中应用生态系统服务方法。

3.2.1 尺度的定义

根据前几章中概述的内容及其在案例研究分析中的扩展,尺度的确定是重启生态系统服务实际应用的第一步。对尺度的定义必须考虑两个方面:

- 发生"尺度失配"问题的原因在于自然资源管理机构与生态系统服务的生态尺度之间对尺度的不同假设;
- 根据生态系统服务的提供方和受益者选择适当的空间尺度。

针对第一个问题,其目标是在处理生态系统服务时跨越机构界限。

将景观假想为管理生态系统服务的合适空间尺度，可以考虑由其功能、斑块、分布和链接的结构元素以整体方式构成的一个区域。土地利用及土地覆被变化在均质景观中产生的潜在影响威胁着国土空间作为复杂系统的稳定性、价值和特性。这个复杂系统的定义事先没有考虑管理特定区域的机构需求，而是基于构成所谓的"景观指标"的生态物理特征、形态学方面以及结构要素。因此，景观方法没有考虑行政限制（市级、省级或区域），而是遵循景观指标以其作为保护生物多样性的更好选择，而不是各种方法的单独使用。至于第二个问题（生态系统服务的供需尺度），景观度量标准可以帮助评估哪些受益区域依赖于哪个服务交付区域及它们的供应区域。生态尺度的选择除基于生态系统及其生态功能的考虑，还包括与基础社会系统文化特性相关的生态系统的空间分布和内涵。此外，重要的是要考虑与生态系统服务的生态尺度紧密相关的供应区域和受益区域的动态。

如本章第 3.2.2 节"生态系统服务映射"中所述，为了验证重启生态系统服务的功能，应至少选择 4 个涵盖 CICES 分类所定义的生态系统服务类别（Haines-Young et al.，2010）。生态系统服务的考虑因素包括生境质量、碳固存、作物生产和娱乐潜力。

考虑到服务供应区域和受益区域之间的空间关系，且选择的生态系统服务具有不同的动态，因此生态尺度是不同的。对生态系统服务流量的研究和调查较为缺乏且相对概念化（Syrbe and Walz，2012；Bastian et al.，2012），对流量空间特征的主要理解依赖于供应和受益区域之间的广义空间关系。

考虑到供应区域和受益区域之间的空间关系，将其分为四种模式：（1）原位；（2）全向；（3）定向；（4）分离。可以将相关模式与相应的生态系统服务关联起来。例如，土壤形成和侵蚀调节被归类为原位服务，因为供应区域和受益区域完全重叠。此外，与气候调节有关的环境服务被认为是全方位的，因为其影响是全球性的。

供应区域和相应受益区域的研究可以洞察生态系统服务交付在空间流向中的作用。如今，只有在某些区域研究中才有生态系统服务流向的空间特征的说明和估计，例如映射"供求关系"（Fisher et al.，2011；Burkhard et al.，2012），以及直接估算从不同林区到特定居住地的感知收益（Palomo et al.，2013）。对于本研究，其目的是考虑将这些供应区域视为可能受到土地利用及土地覆被变化影响的"源区域"，从而确定对潜在利益者的影响。因此，本次案例研究决定基于景观单元来考虑生态系统服务映射的供应区域。

最后，采用景观方法还反映了近年来在景观尺度研究上得到的许多经验，其主要体现在保护策略上。在文献案例研究中，景观尺度也被使用并被认为是用于组合不同环境(历史、社会、文化和环境)的最合适尺度。

最近的一些文献强调了对生态系统服务进行景观尺度分析的必要性，用以了解其产量和流量的空间变异性(de Groot et al.，2010)。这些分析包括土地利用及土地覆被变化在国家(Eigenbrod et al.，2009)、区域(Grêt-Regamey et al.，2008；Liu et al.，2010；Li et al.，2016)和交汇区(Martinez-Harms and Gajardo，2008)尺度上对生态系统服务造成的影响，同时还有为支持空间规划和管理决策而进行的咨询。

在这种特定情况下，需要由不同地方利益相关者之间的合作来确定景观中生态服务价值的变化，以更好地适应其价值观念。景观被视为统一的共同点，在这里，各个学科的科学家被鼓励和倡导进行合作，以产生可以集成到多功能和协作决策过程中的共同知识库。

3.2.2　生态系统服务映射

如今，生态系统服务映射是指导城市规划决策的必要措施，因为只有从空间上了解生态系统服务价值分布才能帮助规划人员了解其产生的效果或影响。顺便提一下，重启生态系统服务是基于初步的生态系统服务映射，显示了其在战略和空间规划以及决策情境中的潜力。考虑到观察结果和"机会"在实际案例研究中的解释，映射选择的是 3.3.0 版本的 InVEST 软件(于 2016 年 3 月 14 日发行)。

如先前所规定的原则，共选择了 4 种生态系统服务，至少涵盖了 CICES 分类所定义的类别(Haines-Young et al.，2010)。它们是：生境质量、碳固存、作物生产和娱乐潜力。关键生态系统服务的选择是其在规划过程中有效整合价值的主要挑战之一。考虑到大量的生态系统服务类型清单，其目标是在影响规划制定和解决特定决策问题时选择最合适的生态系统服务，也许包括可能受到地方城市规划中决策影响的生态系统服务(Organisation for Economic Cooperation and Development，2008)。

所采用的景观尺度还有助于实现许多功能，同时可以提供包括自然和文化方面的多功能景观视图，因为这种视图可以将景观视为可持续发展的物理基础。

每个生态系统服务映射过程的详细说明如下。

3.2.2.1 生境质量

这是第一个"使用生境的质量和稀有性作为代表景观的生物多样性，估算生境类型和景观中植被程度及其退化状态"的映射模型。

如塔里斯等（Tallis et al., 2013）所阐述，"生境质量（HQ）是生态系统提供适合个人和人口生存的条件的能力。高质量的生境相对完整，其质量取决于生境与人类土地利用的邻近程度以及这些土地利用的强度（这些被视为威胁要素）"。该模型将有关土地利用及土地覆被的信息与生境的退化数据结合起来，而不是"特定物种的质量或以更通用的方式（整体生态质量）来估算常见威胁如何影响选定区域内广泛的可用生境"（Arcidiacono et al., 2015；Tallis et al., 2013）。

以下列出了 InVEST 模型所需的输入数据：

1. 土地利用及土地覆被

可以区分当前、未来和基准，以将时间性与数据相关联。在本次特定案例中，选择的土地利用及土地覆被数据库是"DUSAF-Destinazione d'Uso dei SuoliAgricoli e Forestali"①，由 ERSAF 在 2012 年基于科林土地覆被图例（Corine Land Cover Legend）②制作。DUSAF 的详细信息级别为 1∶10 000，使用的格栅分辨率为 5 m×5 m，土地利用及土地覆被地图依据三级图例制作。在连续的模型中，此层将保持恒定，以保证所有映射具有公共的基础层。

2. 威胁的体现

- 影响生境质量的每种威胁的最大距离，单位为千米（km）；
- 每种威胁对其他威胁生境质量因素产生的加权影响，最高为 1，最低为 0；
- 威胁的衰减，根据其表达的功能以线性或潜能来进行区分；
- 威胁的多边形地图。

该数据集是根据科学文献创建的（Terrado et al., 2016）。

使用的输入格栅的分辨率为 5 m×5 m。使用 .csv 文件对上述威胁因素进行估算，并依据"用户指南"中指示的属性值将上述信息与空间 GIS 格栅文件相关联，威胁为 1，威胁不到的区域为 0（见表 3.1）。

---

① http：//www. territorio. regione. lombardia. it.

② http：//www. eea. europa. eu/data-and-maps/figures/corine-land-cover-2006-by-country/legend.

表 3.1　配给每种威胁种类的分数

威胁	最大距离/km	权重	衰减
高速公路和铁路（p）	1.50	0.90	线性
主要基础设施系统（s）	1	0.70	线性
地方基础设施系统（1）	0.90	0.60	线性
111——连续的城市纹理	1.70	0.80	线性
112——非连续的城市纹理	1.70	0.80	线性
121——工业或经济单元	1.70	0.80	线性
122——公路及铁路网和它们串联的土地	1.60	0.70	线性
124——机场	1.70	0.80	线性
131——矿业采集地点	1.70	0.80	线性
133——建设地点	1.70	0.80	线性
134——无植被地区	1.70	0.80	线性
141——城市绿色区域	1.70	0.80	线性
142——体育和休闲设施	1.70	0.80	线性
211——无灌溉的耕地	1.60	0.70	线性
213——稻田	1.60	0.70	线性
222——果树和莓果种植区域	1.60	0.70	线性
224——树木种植区域	1.60	0.70	线性
231——牧场	0.60	0.40	线性

3. 生境的威胁可达性

对可达性的评分为 0～1（1 为完全可达，没有任何社会、政治或地理的限制，0 表示威胁可达概率较少的地区）。输入需要一个具有上述分数的 .csv 文件和一个具有限制条件空间分布的图层文件。生境类型和每种生境类型对威胁的敏感度的评分为 0～1。输入的是一个 .csv 文件，其中包含各个值的分配（Tallis et al.，2013）。

在案例研究中，以自 20 世纪 80 年代以来，在国家、区域和地方各级建立的自然保护区为约束条件；城市绿化区，如城市公园或休闲公园；伦巴第大区生态网络的主要和次要要素被认为是 PTR 的先进基础设施，构成了地区和地方规划的指南（根据区域委员会第 10962/2009 号决议的规定）（见表 3.2）。

表3.2 生境类型、敏感性、衰减性的资源可达性

LULC	HAB	P	S	L	111	112	121	122	124	131	133	134	141	142	211	213	222	224	231
111	0.02	0.1	0	0	0	0	0	0	0	0	0	0	0	0	0	0	0	0	0
112	0.07	0.1	0	0	0	0	0	0	0	0	0	0	0	0	0	0	0	0	0
121	0	0.1	0	0	0	0	0	0	0	0	0	0	0	0	0	0	0	0	0
122	0.06	0.1	0	0	0	0	0	0	0	0	0	0	0	0	0	0	0	0	0
124	0	0.1	0	0	0	0	0	0	0	0	0	0	0	0	0	0	0	0	0
131	0	0.1	0	0	0	0	0	0	0	0	0	0	0	0	0	0	0	0	0
133	0	0.1	0	0	0	0	0	0	0	0	0	0	0	0	0	0	0	0	0
134	0.04	0.1	0	0	0	0	0	0	0	0	0	0	0	0	0	0	0	0	0
141	0.28	0.6	0.5	0.5	0.6	0.6	0.6	0.6	0.6	0.6	0.6	0.6	0.6	0.6	0.6	0.6	0.6	0.6	0.3
142	0.35	0.6	0.5	0.5	0.6	0.6	0.6	0.6	0.6	0.6	0.6	0.6	0.6	0.6	0.6	0.6	0.6	0.6	0.3
211	0.2	0.6	0.5	0.5	0.6	0.6	0.6	0.4	0.6	0.6	0.6	0.6	0.6	0.6	0.6	0.6	0.6	0.6	0.1
213	0.4	0.6	0.5	0.5	0.6	0.6	0.6	0.4	0.6	0.6	0.6	0.6	0.6	0.6	0.6	0.6	0.6	0.5	0.1
222	0.4	0.6	0.5	0.5	0.6	0.6	0.6	0.4	0.6	0.6	0.6	0.6	0.6	0.6	0.6	0.6	0.6	0.5	0.1
224	0.4	0.6	0.5	0.5	0.6	0.6	0.6	0.4	0.6	0.6	0.6	0.6	0.6	0.6	0.6	0.6	0.6	0.6	0.1
231	0.6	0.6	0.5	0.5	0.6	0.6	0.6	0.4	0.6	0.6	0.6	0.6	0.6	0.6	0.6	0.6	0.6	0.6	0.1
311	1	0.9	0.8	0.7	0.7	0.7	0.7	0.7	0.7	0.7	0.7	0.8	0.8	0.8	0.8	0.8	0.8	0.8	0.5
314	0.8	0.85	0.8	0.8	0.8	0.8	0.8	0.8	0.8	0.8	0.8	0.65	0.65	0.65	0.65	0.65	0.65	0.65	0.45
322	0.8	0.8	0.7	0.6	0.7	0.7	0.7	0.7	0.7	0.7	0.7	0.7	0.7	0.7	0.7	0.7	0.7	0.7	0.5
324	0.8	0.8	0.7	0.6	0.7	0.7	0.7	0.7	0.7	0.7	0.7	0.7	0.7	0.7	0.7	0.7	0.7	0.7	0.5
511	1	0.7	0.6	0.7	0.7	0.7	0.7	0.7	0.7	0.7	0.7	0.8	0.8	0.8	0.8	0.8	0.8	0.8	0.5
512	0.8	0.7	0.6	0.7	0.7	0.7	0.7	0.7	0.7	0.7	0.7	0.8	0.8	0.8	0.8	0.8	0.8	0.8	0.5

4. 生境类型和每种生境类型对威胁的敏感性

输入为一个带有单独值分配的 .csv 文件。每个单一土地利用及土地覆被的值都是使用生物环境容量指数根据以下条件确定的：（1）阻力稳定性的概念；（2）生态圈的主要生态系统类型；（3）它们的代谢数据（生物量、初级总生产、繁殖，R/PG，R/B）（Ingegnoli and Giglio，2008）（图 3.4）。

图 3.4　输出的生境类型

3.2.2.2　碳固存

InVEST 模型可以关联每个关于碳存储和碳固存的土地利用及土地覆被数据。具体而言，碳储量的评估依据是政府间气候变化问题小组（IPCC）确定和定义的四个主要碳池的大小（Intergovernmental Panel on Climate Change，2006）。模型汇总了存储在以下位置的碳量。

- 地上生物量："土壤上方的所有生物量，包括茎、树桩、树枝、树皮、种子和树叶。有必要考虑的是，如果森林下层是地上生物量的一个相对较小的组成部分，就可以将其排除在外，只要在整个清单时间序列中以一致的方式表现即可。"（Tallis et al.，2013）

- 地下生物量："拥有存活根茎的所有生物量。有时会排除直径小于（建议）2 mm 的细根，因为这些细根通常无法凭经验与土壤有机质或枯枝落叶区分开。

93

可能包括树桩的地下部分。国家可能对细根使用 2mm 以外的限制值，但是在这种情况下，必须记录使用的限制值。"(Tallis et al.，2013)

- 土壤有机物："它包括矿物质和有机土壤(包括泥炭)中的有机物，其深度由国家选择并应在整个时间序列中得到持续应用。将细根(小于地下生物量的建议直径限制)包含在土壤有机质中，因为无法凭经验将其区分出来。"(Tallis et al.，2013)

- 死亡有机物："这种分类方式将死木归为一类，其中包括垃圾、直立、卧在地面或土壤中未包含的所有非生命树木的体积。枯木包括表面上的木头死根和直径大于或等于 10 cm 或该国家使用的任何其他直径的树桩。包括直径通常为 2 mm 的死根和枯枝落叶，即所有直径小于国家选择的最小直径(例如 10 cm)的无生命生物质，它们处于死亡状态，处于矿物或有机土壤之上的各种分解状态。这包括垃圾层、上覆层和腐殖质层。无法凭经验区分出来的细活根(小于地下生物量的建议直径限制)包括在凋落物中。"(Tallis et al.，2013)

该模型对这些池中的各总碳存储量进行了估计。考虑到它们在区域或本地数据库中的受限性，因此汇总了不同的来源。

输入数据为：(1)土地利用及土地覆被：与前文提出的生境质量模型中的为同一应用层。(2)一张表格，其中包含每个土地利用及土地覆被类别的四个基础池中存储的碳数据。碳储存数据可以直接从田间活动中收集，也可以从针对特定生境类型或区域的综合分析中提取，还可以在一般的公开数据(例如 IPCC)中找到。如果某些碳池的信息不可用，则可以由其他碳池进行估算，或者通过将碳池的所有值都保持为 0，将其忽略(Tallis et al.，2013)。

至于生境质量模型，输入文件使用 GIS 平台，其以 5 m×5 m 的像素分辨率大小建立栅格，并以土地利用及土地覆被代码为像素单位，将像素的最大面积设定为属性值。对于模型要求的四个碳库，数据有不同的来源。其有关信息来源于 2005 年第二次年度报告中的"国家森林和碳汇清单[①]"(Inventario Nazionale delle Foreste e dei Serbatoi forestali di Carbonio)，同时考虑了"Silvia Solaro and Stefano Brenna—ERSAF[②]"的"伦巴第大区土壤和森林中的有机碳"的研究数据(Solaro and Brenna，2005)(见图 3.5，表 3.3)。

---

① http：//www. sian. it/inventarioforestale/jsp/dati_introa. jsp？ menu=3.

② http：//www. aip-suoli. it/editoria/bollettino/n1-3a05/n1-3a05_07. htm.

图 3.5 碳固存输出

表 3.3 土地利用及土地覆被分配到每个碳池中的分数

大于	小于	土壤	死亡	土地利用及土地覆被
0.39	0.075	12.42	13.56	111
0.85	0.16	26.50	28.93	112
0.067	0.013	2.09	2.28	121
0	0	0	0	122
0	0	0	0	124
0	0	0	0	131
0	0	0	0	133
0	0	0	0	134
0	0	0.02	0.02	141
0.85	0.16	26.50	28.93	142
0	0	56	0	211
0	0	56	0	213
14.65	2.79	56.00	0	222
14.63	2.79	48.00	2.30	224
0	0	68.70	0.75	231

大于	小于	土壤	死亡	土地利用及土地覆被
11.43	2.18	57.20	1.50	311
14.65	2.79	43.40	2.40	314
14.65	2.79	43.40	2.40	322
14.65	2.79	43.40	2.40	324
0	0	0	0	511
0	0	0	0	512

3.2.2.3　作物生产

从农业生态系统的角度来看，传统上考虑了两种生态系统：农田和草地，包括耕作作物（草木、木本、一年生和多年生植物）、草地以及形成农田地貌的部分特征（树篱、山脊、农田利润率、缓冲带、未耕种土地、单棵树、林地等）由自然或半自然植被组成。农业的主要作用是提供食物、饲料、纤维和能源，将农业生产与提供服务联系起来很简单。

在 InVEST 软件提供的 17 种模型中，没有一种模型可以考虑这项服务，从而揭示了软件的极大局限性。为了克服这个限制，建立了一种用于评估作物产量的特定方法[①]。

所需的输入数据是：

● SIARL：伦巴第大区农业信息系统（Sistema Informativo Agricoltura Regione Lombardia）。该数据库包括基于地籍单位的农作物详细信息（2014 年更新）。

● 基于不同农作物的收益率（EPV）。该信息由前国家农业经济研究所（Istituto Nazionale di Economia Agraria，INEA）莱斯农业经济咨询所[②]（Consiglio per la Ricerca e l'Economica Agraria，CREA）每年提供一次。

首先在 Microsoft Excel 中处理数据，将经济价值与 SIARL 数据库中定义的每个农业土地利用及土地覆被相关联。在操作中关联 GIS 可以对每种生产性土地使用类别/公顷的平均经济价值进行概述。

应用的公式为

[①] InVEST 软件的后两个版本（3.3.0 版和 3.3.1 版）也包括作物生产模型，但由于可能存在的错误，暂时被判断为"不稳定"，因此最好考虑另一种计算方法来估算作物产量。

[②] http：//web.inea.it：8080/.

$$EPV = \sum_{n=1}^{\infty} \frac{农业作物面积(hm^2) \times 经济收益估值}{总面积(hm^2)}$$

最后将输出转换为分辨率为 5 m×5 m 的格栅文件(图 3.6)。

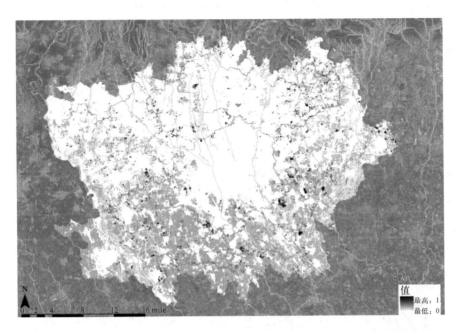

图 3.6　作物产量

白色区域是 SIARL 数据库未涵盖的区域，因为它们不是农业区域

3.2.2.4　娱乐潜力

文化生态系统服务(CES)被定义为"人们通过精神丰富、认知、思考、娱乐和审美体验从生态系统中获得的非物质利益"(Millennium Ecosystem Assessment，2005)。

与其他类别的生态系统服务相反，由于很少关注文化生态系统服务，即使可以从社区中获得有关收益，也将被忽略(La Rosa et al.，2015)。

这种文化生态系统服务分类主要包括：欣赏自然风光，旅游和休闲活动的机会，文化、艺术和设计的灵感，居住地和归属感，精神和宗教灵感，教育和科学(de Groot et al.，2010)，InVEST 模型称为"观光：娱乐和旅游"，"基于自然栖息地和其他因素的考虑决定了人们在何处进行再创造的决定"，预测了用于娱乐目的的人类日益扩散的范围(Tallis et al.，2013)。

考虑到访问数据的缺乏，该模型使用了代理服务器，该代理基于 2005—

2015年发布到Flickr网站[①]上的带有地理位置标签的照片。该模型使用每日照片用户的估算值,预测未来自然特征的变化将如何改变访问率。工具输出地图显示了休闲使用的当前模式,以及在替代方案下未来使用的模式地图。

如塔利斯等(Tallis et al., 2013)所阐述,"该工具使用线性回归方法,将每个单元格中的预测变量的排列与所有单元格中的日用户相关联"。所需的数据是感兴趣区域(AOI),它是一个多边形的研究区域,并且当在局部范围内无法获得这些数据时,可以使用附加的全局数据集作为更好的数据源:人口数据来自国家实验室LandScan数据集(2010)、开放街道地图(2012)功能,保护区域来自基于保护区的UNEP-WCMC世界保护区数据库(2012),土地利用及土地覆被来自ESA Glob Cover(2008)。栅格分辨率设置约为250 m(InVEST软件所需的最小像素大小)。在此特定案例研究中,分析了游客对基于自然的休闲的需求。基于自然的娱乐价值取决于环境质量和景观条件,例如气候、土地利用及土地覆被、植被类型、坡度和海拔高度、水体和湖泊、文化遗产和景点的存在。除了这些要素,设施(自行车道、服务、道路等)和可达性也是影响娱乐活动潜力的重要因素(图3.7)。

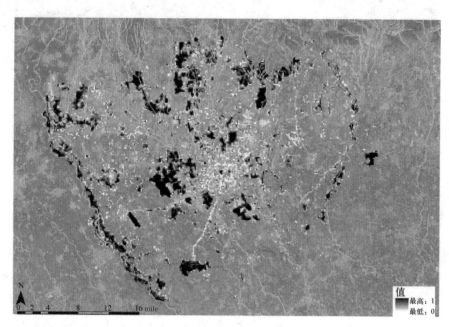

图3.7　自然娱乐的潜在输出

---

① www.flickr.com.

3.2.3　生态系统服务能力

生态系统服务容量的估算是通过对四个生态系统服务的生物物理值(生境质量、碳固存、作物生产和休闲潜力)进行归一化后的多层分析得出的。生态系统服务能力是使用 ArcGIS 软件提供的被称为"加权叠置"的空间分析功能作为加权和组合多个输入以创建集成分析的工具来计算的,该功能可以分配数值权重,区分正负准则,并对备选方案进行排序。由于这些原因,它被考虑并用于支持例如土地适宜性评估的空间决策。

将单个生态系统服务映射的变量值从 0~1 进行标准化,采用的生态系统服务能力计算公式为

$$ESC = \sum_{n-1}^{4} (生物物理值 \times 归一化系数)$$

其中,生物物理值是每个生态系统服务映射的格栅像素(5 m×5 m)的值,归一化系数用 0~1 进行表示,通过将生物物理值与较高的值相乘,即

生境质量 = 1(由 InVEST 输出 0~1 的值)

作物产量 = 0.000 025 727 377 274(源自 1/38 869.1)

碳固存 = 5.446 623 094(源自 1/0.183 6)

娱乐潜力 = 1(由 InVEST 输出 0~1 的值)

加权总和输出的格栅分辨率为 5 m×5 m。作为详细信息的最大值,输出值按 0~2.991 22 进行排名(表 3.4)。

表 3.4　由加权工具生成的生态系统服务能力数据

特征或记录的数量	379 753
最小值	0
最大值	2.991 22
总和	487 623.650 95
平均值	1.284 055
标准差	0.579 495

随后,通过在 ArcGIS 中执行一系列流程,将栅格加权总和输出转换为矢量文件,以维护所有记录的精确度。

- 空间分析工具/数学/时间:将生态系统服务能力值(十进制数)除以整数值。在特定情况下为 x/100 000;

- 空间分析工具/数学/整数：通过截断将格栅的每个特定像素值转换为整数；
- 转换工具/栅格源/栅格到面：将栅格数据集转换为面要素。

之后，为了回到十进制数，可以通过再次将单元格值除以 100 000 实现。向量图层允许使用不同的分析工具功能，这些工具可用于评估由案例研究区域内所在市区建立的每个单个转型区域的生态系统服务能力（对应先前列出的 6 个景观单位）（图 3.8）。

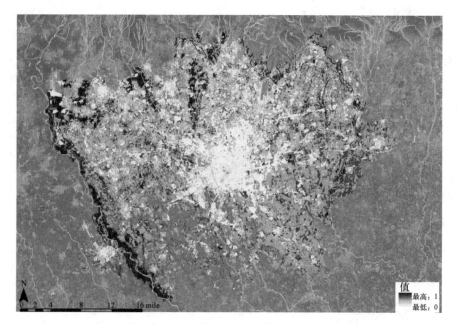

图 3.8　生态系统服务能力输出权重总和

3.2.4　土地征用过程对生态系统服务能力的影响评估

在估算了案例研究区域的生态系统服务能力之后，下一步就是验证土地利用及土地覆被变化带来的潜在影响。评估土地利用及土地覆被的变化时要考虑到所属城市的城市规划中景观单元（AP）涵盖的预测转型区域（AT）。

在探索重启生态系统服务之前，有必要设置一种规划框架，以保证其顺利发挥作用。在伦巴第大区，国土空间内容和城市规划学科的背景由《区域法》第 12/2005 号"地方政府法规"定义，它固定了一个区域框架，用于在不同层面进行综合规划和计划。这种方法预见了三个主要行政层级（区域、省级和市级）间的强有力的机构合作，同时与规划和治理工具有关："区域国土空间规划"（Piano Territoriale Regionale）、"省级国土空间协同规划"（Piano Territoriale di Coordinamento

Provinciale)和"地方政府规划"(Piano di Governo del Territorio)。第 12/2005 号法律对规划方法进行了重大修改,通过辅助性原则和机构间合作,对地方行政管理机构的规划工具进行了自我监管。根据第 12/2005 号法律,所有市政当局都必须废止由第 1150/1942 号法律引入的"控制性规划"(PRG),将其更新为"地方政府规划"(PGT)。地方政府规划由三个独立的部分组成:

——规划文件(Documento di Piano, DdP):它包含战略、分析、目标的总体框架,以及整个城市的国土空间、社会和经济发展指南。同时,包含对土地使用权无直接影响的指示,其有效期为 5 年(这一时间与当地市长的选举期有关),且始终处于可编辑状态。此外,还将根据地方规划(Piani Attuativi Comunali, PAC)确定新的区域和改造区域,其中包括国家和地区立法提供的所有实施工具。

——公共服务规划(Piano dei Servizi, PdS):包括对城市公共服务的定性和定量分析。它旨在通过公共服务的概念来达到可居住性和城市质量的要求。它无时效限制,始终处于可编辑状态,为专门处理公共设施(如社会住房、绿地和其他公共服务)的规划。

——管控规划(Piano delle Regole, PdR):制定现有城市(以前为城市化土地)的规则,以适应土地使用政策和建设行动法规。它与 DdP 中确定的要进行特定转换干预的区域(转型区域)无关。它没有时间限制,始终处于可编辑状态,并且直接影响土地使用权和财产。

在案例研究区域中,预计转型区域的总地表面积为 9 409.86 hm^2,分为 238 个区域,这些区域具有不同的转型类型(工业、住宅、服务、技术服务、基础设施、第三产业、旅游者),规模和地理环境(城市、郊区、农业、自然)。使用 ArcGIS 交互程序将转型区域覆盖到生态系统服务能力地图上,以验证每个土地利用更改可能会损害其转型区域的生态系统服务能力的程度(见图 3.9)。

对于每个转型区域,使用以下公式计算生态系统服务能力值的加权平均值:

$$ESC \text{平均值} = \frac{\sum_{n=1}^{\infty}(\text{转型区域群组面积} \times ESC)}{\text{总国土空间表面积}}$$

其中,转型区域群组面积(Sqm cluster AT)是具有不同生态系统服务能力的一个转型区域中包含的不同区域面积;生态系统服务能力(ESC)是在步骤 3(参见第 3.2.3 节)中计算出的;总国土空间表面积(Sqm tot ST)是转型区域的总国土空间表面积。

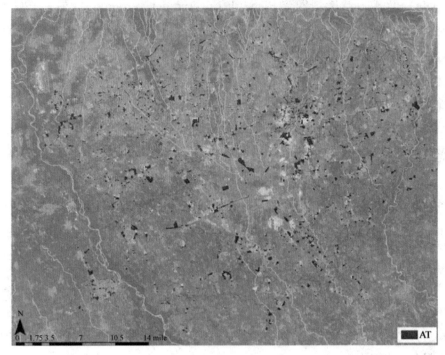

图 3.9　包含在地方规划中的转型区域预测(更新于 2016 年 6 月)

然后，根据 ArcGIS 提供的"自然分割"(Jenks)分类方法，将生态系统服务能力的加权平均分布分为五个类别。自然分割是基于数据固有的自然分组；层级阻隔是根据将最大相似值进行分组来定义的，并最大限度地提高层级之间的差异。这些要素分为多个类别，这些类别的边界设置在存在较大差异的区域。自然分割是特定数据的分类，但不适用于比较根据不同基础信息构建的多个地图①。

根据提供的平均生态系统服务能力水平，将转型区域分为五类(5：高；4：中高；3：中；2：中低；1：低)，选择属于这五个类别的 10 个样本案例(属于转型区域)，以验证用于限制、缓解和补偿土地征用过程和土壤硬化的增量方法(见图 3.10)。

转型区域的选择考虑了每个生态系统服务能力中的两个转型区域，是根据区域的扩张、生态系统服务能力值分布、地理环境以及最后的转换类型做出。下面列出了十个带有详细信息的区域和汇总表的网站(见图 3.11，表 3.5)。

———————————

① 来源：http://desktop.arcgis.com/en/documentation/.

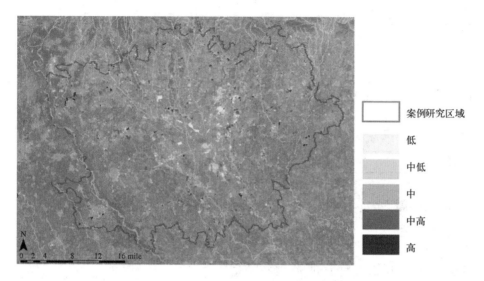

图 3.10 每个转型区域的生态系统服务能力的空间分布

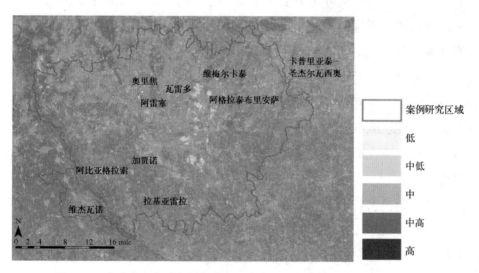

图 3.11 为重启生态系统服务的实际应用而选择的转型区域的空间位置

表 3.5 选择转型区域作为重启生态系统服务方法的实际应用

城市	省	面积/hm²	ESC(等级)	转型类别
阿比亚格拉索	MI	53.35	0.272(3)	居住
阿格拉泰布里安萨	MB	4.69	0.645(5)	生产
阿雷塞	MI	88.09	0.058(1)	生产
卡普里亚泰-圣杰尔瓦西奥	BG	6.14	0.708(5)	服务

城市	省	面积/hm²	ESC(等级)	转型类别
加贾诺	MI	48.18	0.406(4)	服务
拉基亚雷拉	MI	79.12	0.375(4)	生产
奥里焦	VA	63.54	0.105(2)	生产
瓦雷多	MB	48.16	0.113(2)	居住
维杰瓦诺	PV	4.78	0.075(1)	居住
维梅尔卡泰	MB	25.50	0.280(3)	第三产业

低生态系统服务能力对应的转型区域在很多情况下和废弃的铁路园区、军事区域和棕地有关。

3.2.5 管理土地征用过程的渐近措施

上文中，生态系统服务能力被定义为所考虑的景观单元采用的多功能质量指标，并详细说明了所选的 10 个转型区域(请参见第 3.2.4 节)。在第 5 步中，目标是使欧盟委员会(2012)在《限制、减轻和补偿土壤硬化的最佳实践指南》中建议的三种征地政府增量行动在操作上可行。考虑到指南的目标，除了最新报告《未来简报：到 2050 年没有土地净利用》(European Commission，2016)，要达到欧盟委员会的"到 2050 年没有土地净占用量"的目标，提出了可以实现这一目标的众多工具和解决方案。重启生态系统服务方法的后续步骤基于这两种欧洲战略提供的内容。

促进了增量模型(由三种策略组成：限制、缓解和补偿)面对土壤硬化的不同影响，为每种策略提出了可以实施的最佳适宜实践。考虑到土壤硬化几乎是不可逆的过程，从最佳实践开始到限制土壤硬化始终是缓解或补偿措施的重中之重。欧盟委员会(2012)针对该策略提出的最佳实践包括：

- 改善大型城市中心的生活质量；
- 加强公共交通基础设施；
- 在国家一级加强对优质或非常优质的土壤功能的保护；
- 进行城市中办公建筑存量的集成管理；
- 促进或加强相邻地区的地方当局在商业区发展方面的合作；
- 鼓励人们回收土地，而不是开发新的场地；
- 对二手房实行限制和征税；
- 通过提供生态系统服务，提高决策者、规划者和居民对土壤在创造城市生活质量方面的价值的认识；

- 发展一种在自然保护和景观保护中经济地使用土地的理念；
- 建立资金计划作为一种"启动"激励措施，以使市政府更可持续地进行土地管理；
- 使用成本计算器程序定义城市内部的发展潜力，并为新项目提供成本的透明性；
- 考虑创新研究活动的投入、成就和结果。

在不可避免地会对环境造成影响的情况下，缓解措施十分必要，因此，必须考虑到"在一块土地上建造房屋将不可避免地影响该地区土壤履行其全部功能的能力"，因此必须将影响减至最小（European Commission，2012）。

有很多的缓解措施，其中包括：

- 可渗透表面材料的使用；
- 城市绿色基础设施；
- 天然水收集系统（European Commission，2012）。

最后，补偿被设计用于恢复或改善土壤功能，以避免土壤硬化产生更广泛的不利影响。有四项促进措施：

- 在特定区域进行土壤硬化时，重新使用挖掘出的表土，将其用于其他区域；
- 对某个区域进行改造（土壤回收）以补偿其他地方的硬化；
- 生态账户和贸易发展证明；
- 当土壤硬化时收取一定费用，用于土壤保护或其他环境目的（European Commission，2012）。

重启生态系统服务方法论建立在这种循序渐进的程序上，它提供了这些措施的实际应用。具体而言，缓解措施和补偿措施在需要考虑的子措施中进行了阐述，并纳入了城市实施规划（Piani attuativi）的项目标准中，该标准是用于实现城市转型的工具，使其扩展到特定区域或地区。

如前所述，这三项增量措施的参考由欧盟委员会作为准则提供（European Commission，2012，2016），并在与环境影响评价和战略环境影响评价有关的意大利国家法律中进行了转译，但没有为空间规划提供具体的执行机制，也未在如何确定生态平衡方面发布任何指南（由国家环境主管部门发布）。

此外，意大利在传统上确定的保护高自然价值地区方面，很少采用补偿模型（包括国家/地区公园或"自然2000自然保护区"），对其他区域造成的影响并没有被考虑在内，尤其是在农业用地上（Magnaghi，2010）。

重启生态系统服务方法论的作用是在操作中实施并应用欧盟委员会准则。因此，目标是实施一项既有的策略，而那些已在欧洲和国家/地区级别中定义的策略由于缺乏工具、程序和方法，因此目前尚未找到能够直接实施的合适策略。这种操作方法的创新之处在于将这一策略付诸实践，采用生态系统服务方法来定义限制、缓解和生态补偿措施，并将所有这些考虑因素纳入战略环境影响评价流程中，从而为规划决策建立生态平衡。

在定义应用这种增量方法的程序之前，有必要确定一项优先准则，该准则必须指导规划决策，这就是对新改造（住宅、商业或生产性改造）的实际需求或要求的定义。这意味着定义要作为一种先决条件，考虑是否有足够的废弃、空置或未使用（部分或全部）的可用区域能够"承载"新转型，从而确定是否要进行新转换。

查看空置城市居住区的总体分布和格局是认识和理解社区作为新功能资源的潜力，并重新激活它们作为更广泛城市基础设施一部分的前提。

考虑到土壤和相关生态系统服务枯竭等复杂问题，土地征用过程现在是许多学科的中心问题，因此在规划中采用了不同的操作方法。

其中，举一个例子，监管目标旨在区分可建区域和不允许改造的区域。在其他情况下，土地利用及土地覆被变化的物理控制模型（一种典型的英式模型）则预测了城市化区域和城市绿地，或者最终引入了财务杠杆率以鼓励对荒地或未充分利用的区域进行再利用。

最后一个方面是控制土地征用的必要性，以保护城市化空间之外的自然或农业地区，它从而重新定义了"城市内部"（Arcidiacono et al.，2012），例如现有建筑遗产、棕地和公共空间利益。这就需要采取综合办法来考虑，同时还要结合经济、社会、文化和环境发展因素。

这种方法基于重新评估城市中的城市化地区或居住区，与欧盟倡导的对比土壤硬化和土地征用过程的方法一致（European Commission，2013）。在实现限制目标的可能策略中，有一项是鼓励重新利用已经建成的区域以改善生活质量、加强公共交通基础设施并保护郊区农业区。

在欧盟成员国和整个欧洲范围内，人们都越来越认识到减少土地征用的必要性，因此，对棕地或荒地的再利用和再生是实现这一目标战略的主要基石。对这种前提条件的评估（作为事前规划的考虑因素）必须超越当地的环境（即一定不能以当地尺度为基础），并且要遵循比利时和英国倡导的量化政治目标的最新趋势。英国将在已经城市化的地区建造至少60%的新建筑物(已获批准的规划应追溯并应用该规则)定为一项义务,以减轻对自然遗址的压力并保护农业区(Decoville and Schneider,2015)。

法国采用了2000年的"城市复兴法"(SRU),作为实现相同目标的另一种方法,该法案在区域(在意大利被称为"大区")或大城市的规划中发挥了核心作用,因为它被认为是追求可持续发展战略的最合适尺度。城市复兴法规定,新的城市化地区应满足对城市化地区土壤的充分开发和良好的公共交通供应。此外,该法律还采用了一种被称为"相互补偿"的标准,以在市政当局之间共享国土空间转换所提供的收益,这些收益并未增加其国土空间上的城市化程度,阻止了传统的市政当局动用土地来筹集资金的倾向。

确定了前提条件后,可以考虑三种增量措施。

3.2.5.1 限制

重启生态系统服务的行动考虑到:(1)状态指标:步骤3(见第3.2.3节)中所述的生态系统服务能力;(2)压力指标:预测的转型区域;(3)响应指标:采取增量措施(限制、缓解或补偿)。

创新方法的贡献是定义采取适当措施的方法。下面,提出了一种基于状态-压力-响应模型的概念方案。时间T_0表示现状,假定是一个类似景观单元的国土空间并计算生态系统服务能力。时间T_1是由预测的转型区域得出的影响生态系统服务供应的压力。必须采取增量措施(限制、缓解和补偿)用以减轻压力(下面提供了有关如何激活措施的定义)。因此,时间T_2是应用增量措施得出的响应(见图3.12)。

假设的前提是基于新转换的实际需求或要求,并考虑到可以"承载"新功能的废弃、空置、未使用区域的可用性,那么就有必要确定何时应用限制、缓解和补偿措施。从第一个测量开始,限制土地利用及土地覆被变化的极限阈值是由转型区域的实现得出的,由生态系统服务能力进行预测。

该行动对单个转型区域进行了初步评估,并考虑了生态系统服务能力的级别,因此,此措施是基于区域的当前条件,即最新技术水平。

如果转换产生的影响将涉及具有较高生态系统服务能力(生态系统服务能力值高于x)的区域,则重启生态系统服务并建议对转型区域进行修正,将其局限性作为解决方案,以避免可能对生态系统服务供应区域产生的任何变更或干扰,从而为人类福祉作出贡献。

为了确定极限阈值,本方案对生态系统服务能力分布进行了观察,以找出哪

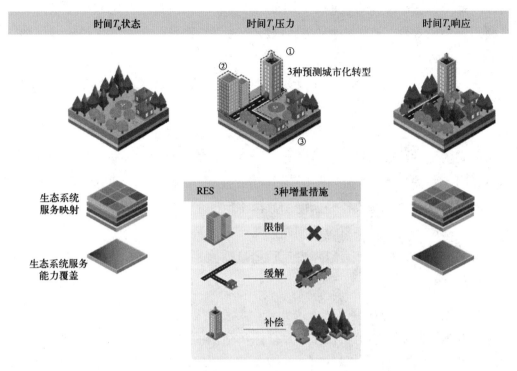

图 3.12　状态–压力–响应模型的概念方案

个特征或成分会影响生态系统服务能力，以及哪个方面有助于设置更高的生态系统服务能力值。分析扩展到了案例研究区域(景观单元)的所有转型区域。

　　具体来说，使用 GIS 平台，将转型区域的每个土地利用及土地覆被(LULC)类别(遥感解译分类图例的第三级)与平均生态系统服务能力值相关联。这样可以了解基于土地利用及土地覆被提供生态系统服务的能力，并验证中等生态系统服务能力的分布。调查采用统计相关公式进行，这是一个双变量分析，用于衡量两个变量之间的相关强度。统计相关指数 0.527 表示两个变量(转型区域的土地利用及土地覆被和生态系统服务能力)之间有很强的正相关性，从城市化地区到农业用地直到自然类别，生态系统服务能力均增加。因此，土地利用及土地覆被越趋于自然化，生态系统服务能力值越高。图 3.13 中的两个变量(x 轴：土地利用及土地覆被；y 轴：加权平均生态系统服务能力)显示了平均生态系统服务能力值对土地利用及土地覆被类别的敏感性。

　　特别是有证据显示，在不透水表面程度较高(工业区、大型购物中心)或是对环境有较高影响(例如垃圾场、采石场、矿物场)的土地利用及土地覆被等级中，平均生态系统服务能力值的下降较为明显。

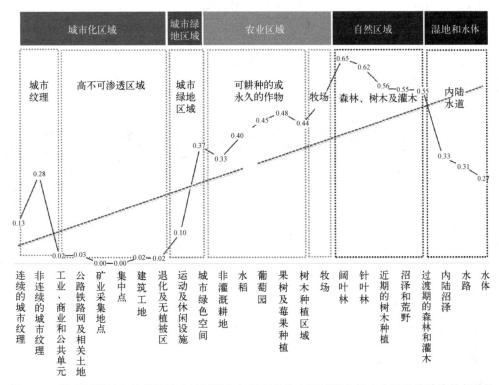

图 3.13 转型区域的土地利用及土地覆被和加权平均生态系统服务能力之间的统计线性相关性

相反，显而易见的是，与城市化地区相比，城市绿地的生态系统服务能力增加了(0.10)，专用于体育和休闲设施的城市绿地也进一步增加(0.37)，生态系统服务能力的价值与农业地区相当。将根据土地利用及土地覆被类别验证生态系统服务能力的边际增加和减少(始终考虑案例研究区域中预测的所有转型区域)进行极限阈值的核准。对土地利用及土地覆被类别的排序考虑了土地利用及土地覆被的五个主要类别：城市化区域、城市绿地区域、农业区域、自然区域、湿地和水体。

图 3.14 显示了生态系统服务能力边际的增加或减少：

(1)同一土地利用及土地覆被类别的变化。由于生态条件的异质性，例如，不连续城市纹理的生态系统服务能力值高于集中场所，因为即使这两个区域都被视为城市化区域，但第一个区域却有所不同，因为定居点之间的城市绿地导致其存在缝隙。这可能会影响以不连续城市纹理为特征的土地利用及土地覆被提供生态系统服务的能力。(2)土地利用及土地覆被的一个主要类别转换为另一个主要类别之间的增加/减少。检测到的最显著的(边际)增长是在农业区域(土地利用及土地覆被数据库的第231类的"牧场")和自然区域(第311类的"阔叶林")之间的过渡，增长了25.8%。必须考虑这种显著增加的生态系统服务能力值，以确定

109

限制土地利用及土地覆被变化的阈值，该阈值表示自然区域中生态系统服务能力的恶化程度更高。

因此，土地利用及土地覆被的变化涉及从农业到自然地区的过渡，意味着生态系统服务能力的下降边际要高于其他任何转换形式，尤其是可能对生态系统服务供应产生重大影响(图3.14)。

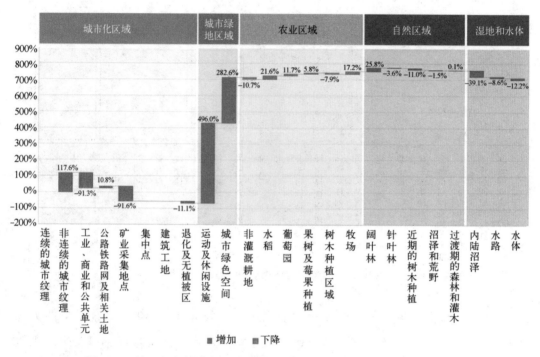

图 3.14　基于土地利用及土地覆被的生态系统服务能力边际增加和减少

相同的考虑也出现在边际减少或增加上，表现在与平均生态系统服务能力相关的百分比(表3.6)。

表 3.6　基于 LULC 的平均生态系统服务能力的边际增加与减少

LULC 等级	LULC 编码	平均 ESC	变化百分比/(%)
连续的城市纹理	111	0.13	
非连续的城市纹理	112	0.28	117.59
工业、商业和公共单元	121	0.02	−91.32
公路铁路网及相关土地	122	0.03	10.83
矿业采集地点	131	0.00	−91.60
集中点	132	0.00	
建筑工地	133	0.02	
退化及无植被地区	134	0.02	−11.12

续表

LULC 等级	LULC 编码	平均 ESC	变化百分比/(%)
运动及休闲设施	142	0.10	495.96
城市绿色空间	141	0.37	282.57
非灌溉耕地	211	0.33	-10.68
水稻	213	0.40	21.62
葡萄园	221	0.45	11.73
果树和莓果种植	222	0.48	5.82
树木种植区域	224	0.44	-7.89
牧场	231	0.51	17.16
阔叶林	311	0.65	25.80
针叶林	313	0.62	-3.63
近期的树木种植	314	0.56	-10.97
沼泽和荒野	322	0.55	-1.45
过渡期的森林和灌木	324	0.55	0.12
内陆沼泽	411	0.33	-39.13
水路	511	0.31	-8.61
水体	512	0.27	-12.16

统计线性相关分析的总体结果,除农业和自然区域之间的过渡期间导致的边际增加/减少的研究,在牧场(生态系统服务能力为 0.51)和阔叶林(其中生态系统服务能力为 0.51)之间也存在显著的生态系统服务能力变化(其中生态系统服务能力为 0.65)。

此外,对预测转型区域的目测强调,生态系统服务能力值较高区域的土地利用及土地覆被与中高生态系统服务能力的区域不同。第一片土地表面基本为自然区域(主要森林灌木丛)全覆盖,而第二片很大部分为可用耕地,在传统上具有另一种生态系统价值。农业活动(畜牧和粮食作物)需要一系列条件来优化生产力,这是由自然生态成分和过程以及人工增产而实现的。现代农业技术增加了粮食产量,但对环境的影响很大。实际上,农业活动仍然是遗传侵蚀、物种丧失和自然栖息地转化的最大驱动力之一(Millennium Ecosystem Assessment,2005)。

将自然栖息地转变为农田和相关用途,需要用单一种植或生物多样性较差的系统代替生物多样性丰富的系统。农业带来了生态系统的简化和(生物)多样性的丧失,从而降低了粮食生产以外的提供生态系统服务的潜力。

考虑到:(1)农业和自然地区的生态系统服务供应变化;(2)如果该地区保持完整而避免被分割,则其自然栖息地和生物多样性将得到保护。这可以当作完全保留某个区域的生态系统服务能力的标准。

出于这些原因,两个土地利用及土地覆被(耕地和自然地区)之间的阈值被定为0.6,以限制预测的城市转型。

实际上,即使进行了假设,生态系统服务能力值高于0.6的转型区域的规划参数都遵循了所有最佳的环境影响缓解措施,但无论如何,生态系统服务能力都会受到损害。

因此,该值被认为是阈值,在该阈值上避免了任何土地利用及土地覆被变化以保证生态系统服务的供应。

考虑到这一阈值,两个转型区域(阿格拉泰布里安萨和卡普里亚泰-圣杰尔瓦西奥)需要从可能的城市转型中排除(表3.7)。

表3.7 根据生态系统服务能力必须限制的转型区域的定义

城市	省	面积 /hm²	ESC(等级)	转换类型	增量操作
阿比亚格拉索	MI	53.35	0.272 (3)	居住	
阿格拉泰布里安萨	MB	4.69	0.654 (5)	生产	限制
阿雷塞	MI	88.09	0.058 (1)	生产	
卡普里亚泰-圣杰尔瓦西奥	BG	6.14	0.708 (5)	服务	限制
加贾诺	MI	48.18	0.406 (4)	服务	
拉基亚雷拉	MI	79.12	0.375 (4)	生产	
奥里焦	VA	63.54	0.105 (2)	生产	
瓦雷多	MB	48.16	0.113 (2)	居住	
维杰瓦诺	PV	4.78	0.075 (1)	居住	
维梅尔卡泰	MB	25.50	0.280 (3)	第三产业	

3.2.5.2 缓解

此外,如果允许城市进行转型(在生态系统服务能力上进行评估,较小的值为0.6),则下一步是评估可能产生的环境压力,即缓解和补偿。

基于以下两个方面的考虑选择适当的措施:

• 转型区域的位置和类型,旨在回答以下问题:"该地区的城市改造条件是什么?"该方面表示由于人类活动而造成的环境"压力",这些活动涵盖了潜在或间接的压力,它们是导致环境问题的驱动力。考虑到转化是在人工(全部或部分)区域、棕地或受污染地点进行,建立此信息非常重要,这对于理解是否可以将这种转型视为对当前条件的一种补救性干预措施非常有意义,因为之前并没有实施生态补偿的必要(例如在棕地地区)。

- 潜在情景，由城市规划为每个转型区域提供。在城市规划中需要实施转型的地区，其数据和信息提供源自规划文件。潜在情景的影响通过环境响应指标进行评估，通常在战略环境影响评价的监测和管理阶段进行考虑(European Commission，1999)。

下面介绍的环境响应指标已能够适应现代城市规划和设计理论的核心内容，包括规划指标和参数。目的是保证城市改造的质量，例如最小的绿化面积百分比、覆盖率(表面积与所用面积之比)和可建筑表面的通透性指数(土壤硬化程度)，以及最终的私人和公共区域的最小植被密度(树木和灌木丛)。

考虑预测城市改造的规划参数，是为了验证由于改造的完成(例如，与当前状况相比的改善、恶化或平衡)而可能产生的影响强度。根据对生态系统服务能力的影响，采取的措施将是缓解措施或补偿措施。考虑城市规划参数(UPP)，将定量参数与定性指标相结合可有助于根据转型区域的压力设定适当的措施。定性和定量参数的关联确保了将生态系统服务实施整合到规划和土地征用流程中的综合方法。这意味着从转型区域的生态系统服务能力值(基于当前状态)开始，同时还将考虑采用 UPP 来减轻影响从而减轻压力。如果参数不足以充分缓解转型区域的影响，则必须采取补偿措施。

因此，为了评估缓解和补偿措施，重启生态系统服务提供了一个可能的参数目录，用于表达为了实现环境可持续性的转型性能。

UPP 的评估基于一张表的编制，该表分为六个类别，重新采用了决策者通常使用的参数。参数的选择并不详尽，但是可以选择城市规划中经常考虑的信息和指标来简化计算。可以综合考虑的六个类别，例如在建筑项目中添加其他可能的参数，例如所使用的材料、基于性能的方法、确保改善居住者舒适性的室内环境质量、通过评估建筑物总用水量来评估水效率。其他参数可以通过能源与环境设计先锋(LEED)[1]认证得出，LEED 认证被认为是全球使用最广泛的绿色建筑认证计划之一。该系统由美国非营利性绿色建筑委员会(USGBC)开发，为建筑物、住宅或社区的第三方验证提供了认证。这些认证考虑了以下方面：可持续场地开发、节水、节能、材料选择和室内环境质量，目的是支持建筑物所有者和运营商对环境和合理利用自然资源做出最负责任的选择。UPP 的评估受到意大利绿色建筑委员会提供的认证体系的启发，该体系主要用于建筑，以实现城市转型的环境可持续性。2016年开发了名为"GBC Quartieri"[2](GBC 区域)的认证系统，用于再生项目和新的转

---

① http：//www.usgbc.org/.

② http：//www.gbcitalia.org/page/show/gbc-quartieri？locale＝it.

型区域，以促进干预措施(包括基础设施系统和建筑物)的环境可持续性。

该体系存在的目的是激发一种综合的方法来提高对生活质量、公共卫生和对环境的尊重。认证基于评分系统，具体取决于是否达到表现的特定水平。参数列表及其值如图 3.15 所示，可从网站 www.gbcitalia.org 免费下载。

			GBC社区—— 2015年版本 设计，实现和重建可持续区域和社区	表格分数
是	?	否	**局部化和位置链接** 最高分 28	
是			先决条件1：局部化和智能化	强制性的
是			先决条件2：濒危物种和生态环境	强制性的
是			先决条件3：湿地和水体保护	强制性的
是			先决条件4：改善乡村用途	强制性的
是			先决条件5：对易受洪水灾害地区的预防措施	强制性的
			承诺1：优先地域	1~10
			承诺2：改善废弃和受污染的土地	1~2
			承诺3：公共交通系统的可行性	1~7
			承诺4：循环流动性	1~2
			承诺5：工作地靠近住宅区	1~3
			承诺6：保护陡坡	1
			承诺7：保护栖息地、湿地和水体	1
			承诺8：重建自然环境、湿地和水体	1
			承诺9：长期管理保护栖息地、湿地和水体	1

			区域的组织和规划 最高分 43	
是			先决条件1：人行道的最低可用性能	强制性的
是			先决条件2：发展紧凑的最低密度	强制性的
是			先决条件3：关联开放的社区的最低性能	强制性的
			承诺1：人行道的可用性	1~3
			承诺2：发展紧凑	1~6
			承诺3：多功能区域	1~4
			承诺4：居住类型和社会建筑	1~7
			承诺5：减少停车位	1
			承诺6：关联开放的社区	1~2
			承诺7：道路立体枢纽点	1
			承诺8：管理运输需求	1~2
			承诺9：公共场所入口	1
			承诺10：娱乐活动入口	1
			承诺11：普遍的可见性和可达性	1~2
			承诺12：社区的参与与设立	1~2
			承诺13：本地粮食生产	1
			承诺14：绿树成荫的大道	1~2
			承诺15：学校联合区域	1
			承诺16：声学气候	1~2

			可持续基础设施建筑 最高分 29	
是			先决条件1：建筑承重证书要求的最低性能	强制性的
是			先决条件2：最低建筑性能	强制性的
是			先决条件3：减少建筑用水量	强制性的
是			先决条件4：防止施工造成的污染	强制性的
			承诺1：建筑承重证书	1~5
			承诺2：建筑性能最优化	1~2
			承诺3：优化建筑用水	1
			承诺4：高效管理灌溉用水	1
			承诺5：再利用建筑	1
			承诺6：保护历史资源以及兼容性再利用	1
			承诺7：对场地的最小化影响	1
			承诺8：雨水管理	1~4
			承诺9：降低热岛效应	1
			承诺10：日照方向	1
			承诺11：从现场可再生能源中获取能量	1~3
			承诺12：区域供热和制冷网络	1~2
			承诺13：基础设施能效	1
			承诺14：废水管理	1~2
			承诺15：基础设施可循环性和再利用	1
			承诺16：固体废物管理设施	1
			承诺17：减少光污染	1

			创新设计 最高分 6	
			承诺1：创新设计和模范效能	1~5
			承诺2：专业人士	1

			优先区域 最高分 4	
			最高分 4	1~4

			总计/最高分数	110

图 3.15 GBC 地区认证得分

资料来源：www.gbcitalia.org。

如前所述，重启生态系统服务的运作考虑：(1)状态指标，生态系统服务能力。(2)压力指标，预测的转型区域。(3)响应指标，采取的增量措施。

通过基于 UPP 的清单对压力进行评估，该清单表示压力的强度，从而体现测量的类型(缓解或补偿)。

重启生态系统服务方法平衡了各项压力因素，并反馈为一个总值，第一个从 0 到 1 变化，而第二个可以最大减轻 70% 的影响。该百分比基于由城市转型所产生的影响无法得到完全消除这一事实。

UPP 分为六类：(1)转型区域的位置；(2)转换的类型；(3)绿地区域和水循环；(4)公共空间；(5)辅助功能；(6)城市热岛效应。

每个类别都具有不同的参数或要求，这些参数或要求表示转换的性能。第一个要求旨在验证"转型区域的位置"，即转型区域中涉及哪种土地利用及土地覆被。相反，其他五个类别尤其与 UPP 相关。根据环境质量的差异，为每个类别评分(较高或较低)。

分配给 UPP 的得分是根据 LEED 认可的专业人员在 LEED 和 GBC 区域认证系统中采用的方法定义的。对于重启生态系统服务方法的应用，必须对 UPP 进行检查。在没有 UPP 的情况下，总分将为 0。否则，总分将由单个 UPP 的总和得出，直到最大值为 1[①]。下面列出了六类确保使用 UPP 进行城市转型的影响缓解措施。缓解土地利用及土地覆被变化的城市规划参数检查要求。

类别 1　转型区域的位置

特殊要求(最大 0.3 分)

转型区域位于未城市化或部分城市化区域　　　　　　　　　　　　　　　　0.3 分

包括土壤已经受到城市化影响，或者是至少有 70% 的国土空间表面已经被城市化覆盖的转型项目

类别 2　转换的类型

可选择的要求(最大 0.3 分)

被污染土地的恢复　　　　　　　　　　　　　　　　　　　　　　　　　　0.3 分

由于以前或持续进行的人类活动，检测到土壤、底土和地下水环境质量特征的改变，从而可能对人类健康构成威胁。受污染地区清单包含于区域规划中的修复和恢复，来自意大利第 152/2006 号法律"环境标准"

否则

棕地的恢复(高密度)　　　　　　　　　　　　　　　　　　　　　　　　　0.2 分

包括国土空间表面的密度指数等于或大于 0.4 的城市化地区的转型，用于预测拆迁干预(部分或全部)和后续重建

---

① AT 的不同类型可能已经具有特定形式的补偿和缓解措施。在这种情况下，该系统已生效。

否则

棕地的恢复(低密度)   0.15 分

包括国土空间表面密度指数低于 0.4 的城市化地区的转型,用于预测拆迁干预(部分或全部)和后续重建

否则

紧凑度   0.1 分

包括给城市化区域的转型区域但至少 75% 的区域与城市化地区接壤,进行拆迁干预(部分或全部)和后续重建预测

如果转型区域周围有铁路或公路,则评估必须考虑基础设施系统以外的区域

类别 3　绿地区域和水循环

可选择的要求和额外的要求(最大 0.1 分)

新的城市绿地区域   0.03 分

包括转型项目占城市绿地的百分比(与国土空间表面相比),等于或大于:

A 区(历史中心)的 15%

其他所有区域的 50%

否则

城市化或部分城市化的城市绿地空间   0.05 分

包括转型项目占城市绿地的百分比(与国土空间表面相比),等于或大于:

A 区(历史中心)的 10%

其他所有区域的 30%

两种类型的渗透性指数[32](即土壤封闭程度)都不得小于 50%

额外要求

可渗透表面   0.03 分

包括转型项目,与国土空间表面相比,可建造表面的百分比至少为 50%。渗透区域包括:

(a)由经验丰富的专业人员安装的透水铺装区域。透水铺装必须包括地面上的多孔材料(如露天铺装、工程产品)和 15 cm 的多孔底地基,并且地基的设计必须确保住宅能够进行适当排水

(b)将不透水表面设计为将所有径流引导至适当的具有永久渗透特征的区域(如植被洼地、就近雨水花园或雨水蓄水池)

(c)绿植根部。在这种情况下,还必须考虑根据意大利第 267/1998 号法律和第 49/2010 号法律提出的转型过程"水力不变性"的原则

额外要求

灌木和树木密度   0.02 分

包括现有的灌木和树木。密度的计算考虑到 200 m^2 的国土空间中树木或新物种的数量。新物种必须是本地的,并且位于自然保护区(如公园、自然保护区)中或沿水体分布

类别 4　公共空间

特殊要求(最大 0.1 分)

公共绿地空间　　　　　　　　　　　　　　　　　　　　　　　　　　　　　　0.1 分

(a)集体使用的公共空间(娱乐、运动和休闲……)。

(b)每个新假设居住地的公共空间的最小值,每 50 m^2 至少为 0.5 m^2。

(c)建筑物与公共空间之间的直接联系,即步行通道高度可达性,也按照法律要求考虑了残疾人通道

类别 5　辅助功能

额外要求(最大 0.1 分)

公共服务的接近度　　　　　　　　　　　　　　　　　　　　　　　　　　　0.025 分

半径 500 m 范围内要有至少 5 个公共服务设施

公共交通车站(汽车或火车)的接近度　　　　　　　　　　　　　　　　　　0.025 分

到达任何公共交通的至少 2 个站点的步行距离小于 400 m

人行道或自行车道的接近度　　　　　　　　　　　　　　　　　　　　　　　0.025 分

包括 200 m 半径范围内的自行车道和步行道的可达性

自行车道和步行道必须与公共服务的现有串联网络连接

步行或骑行流动性的公共服务　　　　　　　　　　　　　　　　　　　　　　0.025 分

在转型区域项目中,为新假设居住地和临时居住地提供自行车和步行专用的公共服务(如自行车架、自行车仓库)(按照每 3 个居民拥有 1 辆自行车的标准)

类别 6　城市热岛效应

特殊要求(最大 0.1 分)

降低城市热岛效应影响　　　　　　　　　　　　　　　　　　　　　　　　0/0.1 分

缓解策略包括:

(a)在距离房屋 15 m 以内的人行道、天井和车道上,至少有 50%的地方要有树木或其他植物提供遮阳。遮阳面积应按照 6 月 21 日中午太阳直射头顶计算,考虑 5 年的增长情况

(b)在距离房屋 15 m 以内的人行道、天井和车道上,至少有 50%的地方要安装浅色、高反光率材料或覆盖植被。可接受的种类包括白色混凝土、灰色混凝土、露天铺装(仅计算植被,不计算铺装)、任何材料的太阳能反射指数(SRI)至少为 29。

　　按照这些 UPP 类别评估了其余 8 个转型区域(其中 2 个已经被限制)。通过城市规划咨询、验证转型区域的位置和类型对数据进行推导,并通过分配相应的得分来确定用于转换的参数。例如,下面一个样本案例研究[阿比亚格拉索市(Abbiategrasso)的 ATS 2],表明每个转型区域所采用的程序的合理性。浅橙色框

中，为根据转型区域的特征分配给每个类别的总分值；而在橙色框中，包含转型区域的详细信息以及分配分值的原因。

缓解土地利用及土地覆被变更的城市规划参数清单：
阿比亚格拉索市的 ATS 2 案例

类别 1　转型区域的位置

特殊要求

非城市化地区或部分城市化地区的转型区域　　　　　　　　　　　　　　　　0/0.3 分

ATS 2 包括已经城市化地区和农业地区，但是两者的占比与此模型中要求的 70% 并不相关

资料来源：Piane di Governo del Territorio del Comune di Abbiategrasso，Tavola DP 15.04.

类别 2　转换的类型

可选择的要求

被污染地区的恢复　　　　　　　　　　　　　　　　　　　　　　　　　　0/0.3 分

否则

棕地的改造（高密度）　　　　　　　　　　　　　　　　　　　　　　　　0/0.2 分

否则

棕地的改造（低密度）　　　　　　　　　　　　　　　　　　　　　　　　0/0.15 分

否则

密实性　　　　　　　　　　　　　　　　　　　　　　　　　　　　　　　0/0.1 分

ATS 2 并没有包括被污染的土地和棕地。此外，基本农田区域也是关于密实度的最终评判准则

类别 3　绿地区域和水循环

可选择的要求和额外的要求(最大 0.1 分)

新的城市绿地区域　0/0.03 分

否则

在城市化地区和部分城市化地区的城市绿地　0/0.05 分

考虑到城市规划中确定的可渗透表面数量(82 412 m²)，相比于 ATS 2 的国土空间数量(526 793)，绿地区域的比例大约是 15.6%。因此，此情况不满足模型的要求

额外要求

可渗透表面　0/0.03 分

额外要求

灌木和树木密度　0/0.02 分

类别 4　公共空间

特殊要求

公共城市绿地区域　0.1/0.1 分

由城市规划定义的 ATS 2 战略包括下文所考虑的集体使用的公共空间："在更替 ATS 2 区域中，ATS 3 将会是一个面积低于 15 000 m² 的全新大型结构，它的形式必须是集中的，除了纯粹的商业功能，还应该有休闲功能，供闲暇时间运动和娱乐"

类别 5　辅助功能

额外要求(最大 0.1 分)

公共服务的接近度　0.025/0.025 分

公共交通车站(汽车或火车)的接近度　0.025/0.025 分

人行道或自行车道的接近度　0.025/0.025 分

步行或骑行流动性的公共服务　0/0.025 分

类别 6　城市热岛效应

特殊要求

降低城市热岛效应影响　0/0.1 分

在本话题中未进行考虑

总分值　0.175/1 总分

　　六个类别的总分构成了城市转型的所谓"缓解指数"(M_i)。UPP 检查表适用于八个转型区域，表 3.8 提供了六个类别达到的分数，并提供了总分数。

表 3.8　UPP 核对表的应用：对每个转型区域以及总缓解指标

城市	省	面积/hm²	ESC（等级）	增量操作	1	2	3	4	5	6	总分（M_i）
阿比亚格拉索	MI	53.35	0.272（3）		0	0	0	0.1	0.075	0	0.175
阿格拉泰布里安萨	MB	4.69	0.654（5）	限制							0.000
阿雷塞	MI	88.09	0.058（1）		0.3	0.2	0.05	0.1	0.05	0	0.700
卡普里亚泰-圣杰尔瓦西奥	BG	6.14	0.708（5）	限制							0.000
加贾诺	MI	48.18	0.406（4）		0	0	0.1	0.1	0	0	0.200
拉基亚雷拉	MI	79.12	0.375（4）		0	0	0	0	0.05	0	0.050
奥里焦	VA	63.54	0.105（2）		0.3	0.15	0.03	0.1	0.025	0	0.605
瓦雷多	MB	48.16	0.113（2）		0.3	0.3	0.08	0.1	0.075	0	0.855
维杰瓦诺	PV	4.78	0.075（1）		0	0	0.03	0.1	0.025	0	0.155
维梅尔卡泰	MB	25.50	0.280（3）		0	0	0.02	0.1	0.05	0	0.170

缓解指数是数字分数，是 UPP 清单中每个单个类别达到的总分。UPP 的应用决定了转型区域对生态系统服务能力降低的影响程度。因此，对于每个缓解指数，能够通过转型区域得出降低假定压力或影响的百分比。UPP 的总分数与影响降低百分比之间的关系成正比：总分数的增加反过来导致影响降低百分比的增加（图 3.16）。

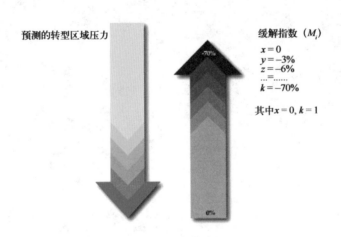

图 3.16　缓解指数的概念模式

正如讨论的那样，UPP 无法完全恢复由土地利用及土地覆被变化所带来的影响，因此，降低影响的最大值估计为 70%。将缓解指数(0~1 分)与降低影响保证的百分比(0~70%)进行比较，可以设置不同的降低阈值(图 3.17；表 3.9)。

缓解指数得出的降低影响的评估基于当前情况下(T_0)可能会受到损害的生态系统服务能力值。

生态系统服务能力(受压力作用)与降低冲击的百分比(来自 UPP 核对表)的组合由"补偿指数"(C_i)组成。

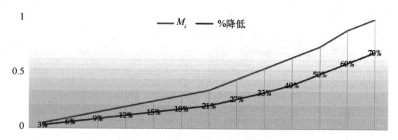

图 3.17　UPP(M_i)得出的总分数与降低百分比之间的直接比例关系

表 3.9　基于缓解指数的影响降低的阈值

缓解指数	影响降低百分比/(%)
0~0.05	3
0.05~0.1	6
0.1~0.15	9
0.15~0.20	12
0.20~0.25	15
0.25~0.30	18
0.30~0.35	21
0.35~0.45	27
0.45~0.55	33
0.55~0.65	40
0.65~0.75	50
0.75~0.90	60
0.90~1	70

使用的公式为

$$C_i = ESC - 影响降低百分比$$

其中，生态系统服务能力(标准化等级为 0~1)，是通过四个生态系统服务地图(生境质量、碳固存、作物生产和娱乐潜力)的生物物理值总和得出的。

"影响降低百分比"表示由总 UPP(M_i)分数得出的影响降低百分比。

补偿指数在所考虑的转型区域中使用，结果见表 3.10。从补偿指数中可以得出两个结果：

表 3.10 所考虑的转型区域的补偿指数(C_i)的应用

城市	省	面积/hm²	ESC(等级)	增量操作	M_i	影响降低百分比	C_i
阿比亚格拉索	MI	53.35	0.272 (3)		0.175	12	0.246
阿格拉泰布里安萨	MB	4.69	0.654 (5)	限制			
阿雷塞	MI	88.09	0.058 (1)		0.7	50	0.029
卡普里亚泰-圣杰尔瓦西奥	BG	6.14	0.708 (5)	限制			
加贾诺	MI	48.18	0.406 (4)		0.2	12	0.358
拉基亚雷拉	MI	79.12	0.375 (4)		0.05	3	0.365
奥里焦	VA	63.54	0.105 (2)		0.605	40	0.063
瓦雷多	MB	48.16	0.113 (2)		0.855	60	0.046
维杰瓦诺	PV	4.78	0.075 (1)		0.155	12	0.066
维梅尔卡泰	MB	25.50	0.280 (3)		0.176	12	0.247

(1)影响已经适当降低，因此，UPP 足以控制和降低压力(即转型区域得以缓解)；(2)影响仍然具有相关性，因此降低影响的百分比较低并且不能涵盖压力，因此有必要采取补偿措施对压力进行响应(即必须补偿转型区域)。

定义采用补偿的考虑因素是基于土地利用及土地覆被和相对加权生态系统的服务能力。除了引入补偿时要设置的极限阈值，还需要考虑使用转型区域的土地利用及土地覆被和加权平均生态系统服务能力之间的统计线性相关性(图 3.13)。考虑到：

——从城市化区域到可耕种区域，生态系统服务能力开始增加，因此，考虑到土地利用及土地覆被，转型区域所产生的压力也会增加(即转型区域对城市化区域的压力小于对城市绿地的压力，同时也小于对农业地区的压力)；

——考虑到这种土地利用及土地覆被类型限制了生态系统服务的供应，城市化地区的生态系统服务能力权重非常低；

——在城市绿地中生态系统服务能力的权重显著增加，因为这些区域在一系列生态系统服务供应方面保持了中高级的能力，从而提高了人工区域的质量；

——人们普遍认识到农业生态系统提供了更多样化的环境服务（请记住，它们作为粮食、纤维和能源等供应服务的提供者）；

——城市绿地和耕地之间的生态系统服务能力边际增长效应已减弱。实际上，边际增长效应的减弱表示生态系统服务的供应能力有很大的下降。

考虑到这些因素，由于人为压力，在城市化地区，生态系统服务的供应受到更大的折损。相反，考虑到绿地的社会文化功能、在城市生态连接中的效用以及微气候调节的能力，城市绿地在生态系统服务中起着关键作用。

因此，城市绿地是城市生态系统服务的产生者，它作为一种服务提供单元，是主要生态结构的基本组成部分，有助于提高城市环境的质量和可持续性。因此，人类居住区（由建筑、城市绿地以及体育休闲设施组成的城市区域）的可持续性严格取决于城市绿地。

考虑到这些假设，由于生态系统服务能力已经降低，因此位于城市化地区的转型区域实现对生态系统服务供应的影响较小。因此，采用诸如 UPP 之类的缓解措施可以使生态系统服务能力避免遭受全面破坏，并保证此类功能的维护。不同的是，在城市绿地或耕地中实施转型区域会对生态系统服务能力产生显著影响，而采取缓解措施不足以保证其性能。这些地区提供生态系统服务的能力很高，因此有必要采取补偿措施以恢复损害。

图 3.18 总结了所讨论的内容。生态系统服务能力值大于 0.6 的自然区域被排除在城市转换之外，因为它们可以保证生态系统服务的供应。只有保留生态系统服务能力的完整性而避免碎片化，才能保证其生态系统服务能力，因此（通过缓解或补偿）恢复是不可行的。生态系统服务能力权重，被理解为源自从城市化区域向城市绿地过渡的转型区域的增加所带来的潜在压力。最后一个能够与之相比的是耕地的生态系统服务能力权重。因此，在生态系统服务供应中，城市绿地和耕地的贡献是显而易见的，需要通过补偿行动来维持，以应对城市化压力。城市化地区对生态系统服务能力的压力较小，缓解措施可以恢复影响。

用来区分两个阈值（缓解和补偿）的数值是估算城市化地区潜在影响的平均值。生态系统服务能力表示潜在影响，因为转型区域的实现可能影响生态系统服务的能力。0.14 作为设置阈值，超过该阈值必须对压力进行补偿。该阈值被用于选定的转型区域（见图 3.19 和表 3.11）。

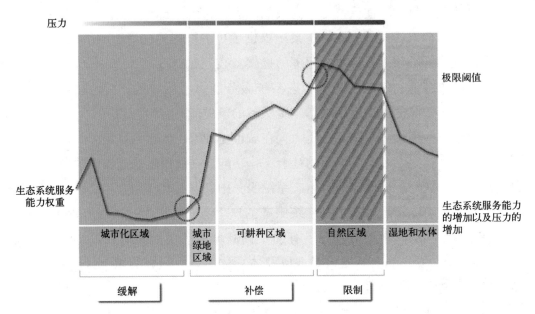

图 3.18 生态系统服务能力权重趋势和土地利用及土地覆被相关的压力强度(转型区域)

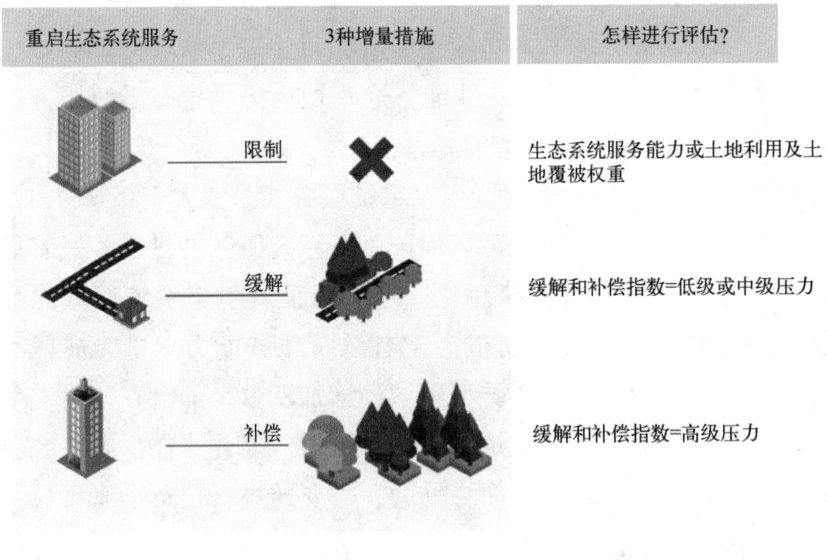

图 3.19 如何采取必要措施以减少转型区域压力的估算程序概念图

表 3.11 转型区域补偿指数(C_i)的应用

城市	省	面积/hm²	ESC(等级)	增量操作	M_i	影响降低百分比	C_i
阿比亚格拉索	MI	53.35	0.272 (3)	补偿	0.175	12	0.246
阿格拉泰布里安萨	MB	4.69	0.654 (5)	限制			

城市	省	面积/hm²	ESC(等级)	增量操作	M_i	影响降低百分比	C_i
阿雷塞	MI	88.09	0.058（1）	缓解	0.7	50	0.029
卡普里亚泰-圣杰尔瓦西奥	BG	6.14	0.708（5）	限制			
加贾诺	MI	48.18	0.406（4）	补偿	0.2	12	0.358
拉基亚雷拉	MI	79.12	0.375（4）	补偿	0.05	3	0.365
奥里焦	VA	63.54	0.105（2）	缓解	0.605	40	0.063
瓦雷多	MB	48.16	0.113（2）	缓解	0.855	60	0.046
维杰瓦诺	PV	4.78	0.075（1）	缓解	0.155	12	0.066
维梅尔卡泰	MB	25.50	0.280（3）	补偿	0.176	12	0.247

3.2.5.3　补偿

根据国际文献综述，假设采用德国的方法进行生态补偿——这是保护自然和景观的第一种同时也是极具创新性的方法之一。德国《缓解影响条例》（Eingriffs-regelung）（IMR）是一项包括了分层缓解策略的具有强制性和预防性行为的法律，目的是确保"无净损失"，从而避免任何损害，同时包括为应对不可避免的影响而进行的恢复和重启补偿。对于后者，必须采用两种类型的补偿：（1）恢复生态功能和价值，以在适当的功能范围内降低不同的影响：重启受损的自然功能，并重新建立或重新塑造自然风光（两者都以适当的方式）。该措施包括与损失部分（"实地"和"现场"）进行直接的空间和功能联系；（2）替代生态功能和价值，在另一种功能范围中，以等同的方式替代受损的自然功能，或以适当的方式重新塑造自然风光。

两种补偿都是以分层方式进行的，因此，如果恢复措施不能确保进行全部补偿，则需要添加替代补偿措施（"实地"和"异地"）。附加措施不一定会自动恢复相同的功能，这与受影响区域之间可能拥有松散的空间和功能关系有关。此外：

> 干预方应有义务使用一些基础手段，通过自然保护和景观管理措施（恢复补偿）来抵消任何不可避免的损害，或以其他方式抵消补偿（替换补偿）。一旦受损的生态系统功能恢复，以及自然景观的恢复或重新设计（景观）的方式与有关景观一致，则认为损害已抵消。一旦以等效方式替代了生态系统受损功能或以与景观相符的方式重新设计了自然风

光，任何损害应被视为以其他方式抵消了（Federal Ministry for the Environment，Nature Conservation and Nuclear Safety，2009）。

这种方法中，"补偿"度量的值为0.05~1。增量阈值从恢复开始，通过替换操作（更为一致）直到两个度量重合（表3.12）。

在选择可能的补偿措施时，考虑了米兰市大都市区国土空间规划①中包含的"生态缓解和补偿措施目录"（Repertoriodelle misure di mitigazione e compensazione paesistico-ambientali）（由省级理事会决议第93/2013条批准）。

表3.12　补偿类型的定义阈值

补偿指数分数	补偿类型
0.15~0.30	恢复
0.30~0.50	代替
>0.50	恢复+代替

补偿措施的选择原则是：首先必须在自然或人工水道（或灌木和草本植物土地或靠近人工区域的土地）、生产地区或具有不同规模和功能的繁茂树木走廊上采取造林措施（在自然、生产性或自然性娱乐办公区域）。在米兰大都市区的目录中，考虑以四个步骤来定义补偿措施的类型：

1. 步骤1　调查

● 确定要转换的景观类型。

景观类型为：

①农业生产景观（Paesaggio agrario produttivo）；②具有高自然/景观质量的农业景观（Paesaggio agrario interessato dalla rete ecologica e/o da aree di rilevanza naturalistica o paesistica）；③郊区景观（Paesaggio di frangia）；④河道景观（Paesaggio di rilevanza paesistico-fluviale）。

● 定义转换的特征以概述可能的间接影响。

2. 步骤2　大尺度评估

● 定义景观单元；

---

① http：//www.cittametropolitana.mi.it/pianificazione_territoriale/piano_territoriale/PTCP_VIGENTE/index.html.

● 评估转型区域(直接和间接)的主要影响(基于国土空间规划提供的影响表①)。

3. 步骤3 地方尺度评估

● 结合当地情境特征和转换特征,以识别本地范围的相互影响,并确定最显著影响和相关的改进对象。

4. 步骤4 选择适当的缓解和补偿措施

● 目录提供了缓解和补偿措施的不同假设/解决方案,在此特定情况下,仅考虑那些用于补偿的解决方案。目录中提出的每种干预措施都可以与恢复或更换类别相关联,下面总结了补偿类型与干预措施类型之间可能的相关性(见图3.20,表3.13)。

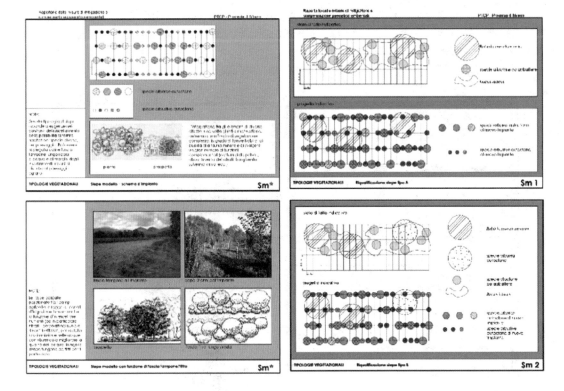

绿化带(参考代码:Sm):一组大小适中的灌木和树木,具有视觉和声学过滤功能以及防污染屏障作用。

---

① http://www.cittametropolitana.mi.it/pianificazione_territoriale/piano_territoriale/PTCP_VIGENTE/index.html.

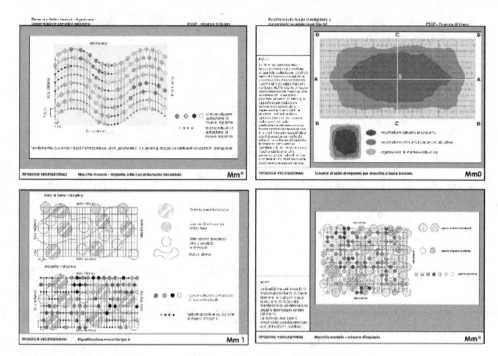

灌木、树林和草本植物(参考代码：M)

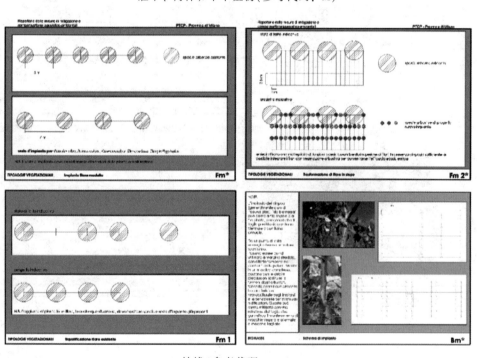

林线(参考代码：Fm)

图 3.20　可能采取的干预措施类型

资料来源：Territorial Plan of the metropolitan region of Milano(2013). "Repertorio delle misure di mitigazione e compensazione paesistico–ambientali".

表 3.13 补偿和可能的干预措施类型

补偿类型	可能的干预措施类型
恢复	绿化带
	林线
	野生动物穿越通道(地下和天桥)
	灌木、树林和草本植物
	生态廊道
代替	灌木、树林和草本植物
	生态廊道
	天然草原
	灌木和湿地植被
	河流流域的重新自然化
	+棕地去污染[a]

注:[a]表示此类干预措施源自国际科学文献,涉及恢复和破坏措施的应用(European Commission,2001)。

对于每个选定的转型区域,根据上述内容确定了特定的补偿操作,这些操作如表 3.14 所示。

表 3.14 转型区域分类中考虑的增量操作:限制、缓解和补偿

城市	省	面积/hm²	ESC(等级)	增量操作	M_i	C_i	类型
阿比亚格拉索	MI	53.35	0.272 (3)	补偿	0.175	0.246	恢复
阿格拉泰布里安萨	MB	4.69	0.654 (5)	限制			
阿雷塞	MI	88.09	0.058 (1)	缓解	0.7	0.029	
卡普里亚泰-圣杰尔瓦西奥	BG	6.14	0.708 (5)	限制			
加贾诺	MI	48.18	0.406 (4)	补偿	0.2	0.358	替代
拉基亚雷拉	MI	79.12	0.375 (4)	补偿	0.05	0.365	替代
奥里焦	VA	63.54	0.105 (2)	缓解	0.605	0.063	
瓦雷多	MB	48.16	0.113 (2)	缓解	0.855	0.046	
维杰瓦诺	PV	4.78	0.075 (1)	缓解	0.155	0.066	
维梅尔卡泰	MB	25.50	0.280 (3)	补偿	0.176	0.247	恢复

3.2.6 结束语

重启生态系统服务提供了对新城市转型所产生影响的生态估算模式。采取城市转型的缓解或补偿措施是重建生态系统并将其负面影响最小化的一种可能方式。增量措施在规划中仍然没有得到很好的应用,这是由于在规划过程中缺乏实

施这些措施的方法。

重启生态系统服务旨在定义一种采取纠正措施以补救转型区域损害的方法。在此框架中，UPP 在缓解转型对生态系统服务能力产生的压力方面起着至关重要的作用。不同的是，必须通过生态平衡的"疗法"来补偿生态系统服务能力的转换。考虑到生态补偿是环境评估过程的主要内容之一，并且它也是欧盟针对 EIA 和战略环境影响评价的指令所规定的，因此重启生态系统服务方法被纳入规划过程和战略环境影响评价中，目的是将这两个过程与一个独特的工具联系起来以辅助决策，提供量化、定性和空间化的知识用以支持涉及土地利用及土地覆被的变更决策。从环境角度来看，重启生态系统服务在不同阶段支持规划过程，提出了可能的解决复杂问题的方法。下面提出了这种可能的实现方式①。重启生态系统服务应用体现在以下方面：

1. 规划修订过程

条件：新城市规划的设计。通常，有一些转型区域并没有实现目标的计划，因此在制定新的"规划"过程中，有必要决定如何处理这些区域。

重启生态系统服务贡献：为决策者提供知识支撑，以维护、修改或撤销已计划但未实现的转型区域。指导决策过程的可能标准之一应该是考虑将生态系统服务能力作为确认或删除/限制特定未实施转型区域的指标。

2. 定义新的转型区域

条件：将真正需要的新转型区域改造纳入城市规划中。

重启生态系统服务贡献：通过景观委员会作出的决定来考虑生态系统服务能力，选择影响较小的区域，同时(确定)每个计划转型区域的增量措施。

3. 转型区域的特征

条件：新的城市转型区域已定下，但是有必要设定要实现的 UPP。

重启生态系统服务贡献：对 UPP 进行初步评估，以确保最大限度地进行缓解。事前分析有两个优点：(1)避免对提供生态系统服务至关重要的地区进行城市转型；(2)在转型区域的实现过程中实施此类缓解措施，以确保环境损害得到完全补偿。

---

① 在规划过程中实施 RES 的建议可能仅基于环境因素，对不同因素的了解会影响决策过程。

参考文献

Albert C, Galler C, Hermes J et al (2015) Applying ecosystem services indicators in landscape planning and management: the ES-in-planning framework. Ecol Indic 61: 100-113. https://doi.org/10.1016/j. ecolind. 2015. 03. 029.

Arcidiacono A, Di Simine D, Pareglio S et al (2012) Rapporto CRCS 2012, INU Edizioni, Rome.

Arcidiacono A, Ronchi S, Salata S (2015) Ecosystem services assessment using InVEST as a toolto support decision making process: critical issues and opportunities. Comput Sci Appl ICCSA 2015: 35-49.

Arcidiacono A, Ronchi S, Salata S (2016) Managing multiple ecosystem services for landscapeconservation: a green infrastructure in Lombardy region, Procedia Engineering, 161: 2297-2303.

Bastian O, Haase D, Grunewald K (2012) Ecosystem properties, potentials and services—the EPPS conceptual framework and an urban application example. Ecol Indic 21: 7-16. https://doi.org/10.1016/j. ecolind. 2011. 03. 014.

Bisquert M, Bégué A, Deshayes M (2015) Object-based delineation of homogeneous landscape units at regional scale based on MODIS time series. Int J Appl Earth Obs Geoinf 37: 72-82. https://doi.org/10. 1016/j. jag. 2014. 10. 004.

Burkhard B, Kroll F, Nedkov S, Müller F (2012) Mapping ecosystem service supply, demand and budgets. Ecol Indic 21: 17-29. https://doi.org/10.1016/j. ecolind. 2011. 06. 019.

de Groot R, Alkemade R, Braat L et al (2010) Challenges in integrating the concept of ecosystem services and values in landscape planning, management and decision making. Ecol Complex 7: 260-272. https://doi.org/10.1016/j. ecocom. 2009. 10. 006.

Decoville A, Schneider M (2015) Can the 2050 zero land take objective of the EU be reliably monitored? A comparative study. J Land Use Sci 4248: 1-19. https://doi.org/10. 1080/1747423x. 2014. 994567.

Eigenbrod F, Anderson B J, Armsworth P R et al (2009) Ecosystem service benefits of contrasting conservation strategies in a human-dominated region. Proc R Soc B Biol Sci 276: 2903-2911. https://doi.org/10. 1098/rspb. 2009. 0528.

European Commission (1999) Towards environmental pressure indicators for the EU.

LuxembourgEuropean Commission (2001) Study on the valuation and restoration of damage to natural resources for the purpose of environmental liability.

European Environment Agency (2006) Urban sprawl in Europe-The ignored challenge.

European Commission (2012) Guidelines on best practice to limit, mitigate or compensate soil sealing.

European Commission (2013) Brownfield regeneration.

European Commission (2016) No net land take by 2050?.

Federal Ministry for the Environment Nature Conservation and Nuclear Safety (2009) Act on nature conservation and landscape management.

Fisher B, Bateman I J, Turner R K (2011) Valuing ecosystem services: benefits, values, space and time. Ecosyst Serv Econ Work Pap Ser 11. https://doi.org/10.4324/9780203847602.

Grêt-Regamey A, Walz A, Bebi P (2008) Valuing ecosystem services for sustainable landscape planning in alpine regions. Mt Res Dev 28: 156-165. https://doi.org/10.1659/mrd.0951.

Haines-Young, Roy; Potschin M (2010) Common international classification of ecosystem goods and services (CICES): Consultation on Version 4, August-December 2012. EEA Framework Contract No EEA/IEA/09/003. Contract 30. https://doi.org/10.1038/nature10650.

Hein L, van Koppen K, de Groot R, van Ierland EC (2006) Spatial scales, stakeholders and thevaluation of ecosystem services. Ecol Econ 57: 209-228. https://doi.org/10.1016/j.ecolecon.2005.04.005.

Ingegnoli V, Giglio E (2008) Landscape biodiversity changes in forest vegetation and the case study of the Lavazé Pass (Trentino, Italy). Annu di Bot 8: 21-29.

Intergovernmental Panel on Climate Change (IPCC) (2006) Volume 4 agriculture, forestry and other land use. In: IPCC guidelines for national greenhouse gas inventories.

ISPRA—Istituto Superiore per la Protezione e la Ricerca Ambientale (2015) Il consumo di suoloin Italia.

La Rosa D, Spyra M, Inostroza L (2015) Indicators of cultural ecosystem services for urban planning: a review. Ecol Indic 61: 74-89. https://doi.org/10.1016/j.ecolind.2015.04.028.

Li J, Jiang H, Bai Y et al (2016) Indicators for spatial-temporal comparisons of ecosystem service status between regions: a case study of the Taihu River Basin, China. Ecol Indic 60: 1008-1016. https://doi.org/10.1016/j.ecolind.2015.09.002.

Liu J, Ye J, Yang W, Yu S (2010) Environmental impact assessment of land use planning in Wuhan city based on ecological suitability analysis. Procedia Environ 2: 185-191. https://doi.org/10.1016/j.proenv.2010.10.022.

Magnaghi A (2010) Il Progetto locale. Verso la coscienza di luogo. Torino.

Martinez-Harms M J, Gajardo R (2008) Ecosystem value in the Western Patagonia protected areas. J Nat Conserv 16: 72-87. https://doi.org/10.1016/j.jnc.2008.02.002.

Millennium Ecosystem Assessment (2005) Ecosystems and human well-being.

Murakami A, Zain A M, Takeuchi K et al (2005) Trends in urbanization and patterns of land use in the Asian mega cities Jakarta, Bangkok, and Metro Manila. Landsc Urban Plan 70: 251-259. https://doi.org/10.1016/j.landurbplan.2003.10.021.

OECD—Organisation for Economic Cooperation and Development (2008) Strategic environmental assessment and adaptation to climate change. In: Endorsed by members of the DAC network on environment and development co-operation (ENVIRONET) at their 8th meeting, pp 1-26.

Palomo I, Martín-López B, Potschin M et al (2013) National Parks, buffer zones and surrounding lands: mapping ecosystem service flows. Ecosyst Serv 4. https://doi.org/10.1016/j.ecoser.2012.09.001.

Solaro S, Brenna S (2005) Il carbonio organico nei suoli e nelle foreste della Lombardia.

Syrbe R U, Walz U (2012) Spatial indicators for the assessment of ecosystem services: providing, benefiting and connecting areas and landscape metrics. Ecol Indic 21：80 - 88. https：//doi. org/10. 1016/j. ecolind. 2012. 02. 013.

Tallis H T, Ricketts T, Guerry A D, Wood S A, Sharp R, Nelson E, Ennaanay D, Wolny S, Olwero N, Vigerstol K, Pennington D, Mendoza G, Aukema J, Foster J, Forrest J, Cameron D, Arkema K, Lonsdorf E, Kennedy C, Verutes PC-KR（2013）InVEST 2. 0 beta user's guide：integrated valuation of ecosystem services and tradeoffs.

Termorshuizen J W, Opdam P（2009）Landscape services as a bridge between landscape ecologyand sustainable development. Landsc Ecol 24：1037-1052. https：//doi. org/10. 1007/s10980-008-9314-8.

Terrado M, Sabater S, Chaplin-Kramer B et al（2016）Model development for the assessment ofterrestrial and aquatic habitat quality in conservation planning. Sci Total Environ 540：63-70. https：//doi. org/10. 1016/j. scitotenv. 2015. 03. 064.

第四章 重启生态系统服务方法在战略环境影响评价中的应用

摘要： 规划过程中重启生态系统服务的实施与战略环境影响评价(SEA)相关联，为整个过程中定义的规划策略，尤其是对替代方案的评估提供了有效支持。第三章概述了战略环境影响评价应如何参与并保证在生态系统服务(ES)评估中使用重启生态系统服务方法，用以制定避免对生态系统服务提供造成影响的可持续解决方案。

在战略环境影响评价中应用重启生态系统服务(RES)是一种可行的工具，可以确保将生态系统服务集成到规划过程中。重启生态系统服务被设计为一种实用的工具，可以在战略环境影响评价中计算规划和项目的影响，并保证按照欧洲议会在 2001 年的要求(European Parliament，2001)进行"高水平的环境保护和促进可持续发展"。战略环境影响评价可以采用重启生态系统服务方法，从环境角度指导规划过程朝着可持续的决策方向发展。战略环境影响评价的主要目标是指导决策者评估环境和可持续性的机会，并评估寻求可持续发展道路的战略决策风险。此外，通过从最早的决策阶段开始，再贯穿所有的决策过程，直到最终的规划执行与监督过程中全程进行对话、强有力的互动和协作工作，战略环境影响评价确保了利益相关者的积极参与。战略环境影响评价提供了一个机会窗口，将生态系统服务主流化到决策过程和正式规划中。重启生态系统服务可能是一个在跨学科/主题(生物物理、社会、机构和经济)或在其内部支撑生态系统服务评估和规划的实用工具包。此外，重启生态系统服务可以解决一些战略环境影响评价在决策中应用的关键问题。

这些关键问题包括：缺乏数据和信息的一致性，尤其与基准的变化有关；合理替代方案(包括零替代方案)的无效性考虑；对累积效应了解的局限性；仅考虑环境问题，而忽略了其他可持续发展的核心(社会和经济)内容，以及对缓解或补偿等级制度的考虑不足(Baker et al.，2013)。

考虑到上述问题，重启生态系统服务的结构就是为了弥补这些问题而建立的。

服务的目的是定义指标和参数，以便向决策者提供信息，以可管理的方式将决策者在传统规划中使用的方法和基于生态系统服务的方法结合起来。考虑到战略环境影响评价指令的要求，该服务能够识别出六个主要步骤，其中主要框架是将生态系统服务信息主流化。

在每个阶段，都必须就政策、规划或项目（PPP）草案和环境报告（战略环境影响评价的最终成果）征询公众和利益相关者（具有不同的能力和角色）的意见，以便在适当的时间提供一个尽早且有效的机会来让他们提意见。

在战略环境影响评价中集成生态系统服务必须与咨询过程同时进行，以达成对问题、目标和策略的一致观点，这有助于设计一个成功的规划或项目。重启生态系统服务实施中的战略环境影响评价关键阶段是情景分析，这是一个影响评估的通用框架，已被多项生态系统服务研究所采用，并易于在战略环境影响评价中应用。战略环境影响评价在传统上会制定政策情景用以了解和预测当前与未来可能的环境质量变化和趋势，因此，该方法与已经在不同情景空间尺度广泛使用的生态系统服务预测分析方法非常相似。

战略环境影响评价的阶段及其相关目的列于表 4.1 中，这些阶段是以线性方式提出的，即使该过程经常根据利益相关者和决策者之间的讨论或分歧而发生变化。考虑到这六个阶段，可以确定生态系统服务的集成方式及如何在定义可持续发展战略中支撑规划过程。

表 4.1　战略环境影响评价阶段和目的

战略环境影响评价阶段和任务	目的
阶段 A：设定背景和目标，建立基准并确定范围	
确定其他相关的 PPP 和环境保护目标	确定规划或项目如何受到外部因素的影响，提出如何解决各种收集基准信息限制的建议，并帮助确定战略环境影响评价目标
收集基准信息	为环境问题、影响预测和监测提供证据基础；帮助制定战略环境影响评价目标
识别环境问题	帮助聚焦战略环境影响评价并简化后续步骤，包括基准信息分析、战略环境影响评价目标的设定，效果的预测和监控
制定战略环境影响评价目标	提供一种可以评估规划或方案及替代方案的环境绩效的方法
战略环境影响评价范围咨询	确保战略环境影响评价涵盖该规划或项目可能对环境造成的重大影响
阶段 B：制定和完善替代方案并评估效果	
分析规划或项目目标是否违反战略环境影响评价目标	识别规划或项目的目标与战略环境影响评价目标之间的潜在协同增效或不一致之处，并帮助制定替代方案
制定战略替代方案	制定和完善战略替代方案

战略环境影响评价阶段和任务	目的
预测规划或项目的效果，包括替代方案	预测规划或项目及替代方案的重大环境影响
评估效果，包括替代方案	评估规划或项目及其替代方案的预期效果，并协助完善规划或项目
降低不良影响	确保能够识别不良影响并考虑潜在的缓解措施
提出监测环境影响的措施	对评估规划或项目的环境表现方法进行详细说明
阶段 C：准备环境报告	
准备环境报告	以适合公众咨询和决策者使用的形式介绍规划或项目的预期环境影响，包括替代方案
阶段 D：就规划或方案草案和环境报告进行咨询	
就规划或方案草案以及环境报告评估的重大变化咨询公众和咨询机构的意见	使公众和咨询机构有机会表达对环境报告结果的意见，并将其作为对规划或项目进行评论的参考。通过公众的意见和关注收集更多信息 确保在此阶段评估和考虑规划或方案草案的任何重大变更对环境的影响
制定决策并提供信息	在最终进行规划或项目立项时，提供如何考虑环境报告和被咨询者的意见
阶段 E：监控规划或项目实施对环境的重大影响	
制定监测目标和方法	跟踪规划或项目的环境影响，以证明其是否如预期的那样；帮助识别不良影响
应对不良影响	在发生不良影响时准备适当的应对措施

注：资料改编自文献（Scottish Office of the Deputy Prime Minister，2005）。

阶段 A：设定背景和目标，建立基准并确定范围

此阶段与规划过程中的规划范围和目标定义相吻合。生态系统服务的集成可以用于解决和实现规划目标，对关键生态系统服务的供应区域进行映射，还包括对受益人的分析。生态系统服务还可以收集数据和基准信息，这是战略环境影响评价指令在战略环境影响评价阶段要求的，对识别实际情况和趋势十分有用。

在不同的实验中，这些数据与人口密度和社会经济状况信息进行比较，以对关键场所进行筛选（Geneletti et al.，2007）。

在此阶段，尺度设置对于提出和引领规划战略也很重要，以便了解收益在一个尺度上累积而成本在另一个尺度上产生的情况。

阶段 B：制定和完善替代方案并评估效果

在此阶段，规划需要制定措施以实现阶段 A 中定义的目标，同时考虑土地利用及土地覆被变化、基础设施系统开发或新法规的提案。战略环境影响评价还以累积的方式预测和评估对主要生态系统服务产生的可能影响和效果，比较不同的替代措施并提出改进方案。生态系统服务评估预测了直接和间接决策中土地利用及土地覆被变化造成的影响，测试了各种选项和方案并进行了土地适宜性分析。评估包括对变化的定量和定性分析，并在可能的情况下以生物物理和/或货币形式对其进行计算，以空间形式对生态系统服务的供应和受益区域进行明确区分。此外，战略环境影响评价必须为缓解和降低该规划的潜在(直接和间接)影响及其对生态系统服务的依赖性提出建议解决方案和措施。

阶段 C：准备环境报告

定义和预测计划对环境的影响程度，包括备选方案分析、计划初稿和可登记环境报告编制等。

阶段 D：就规划或方案草案和环境报告进行咨询

环境报告的形式必须适合公众咨询和决策者使用，以确保能够评估和估算任何重大变化的环境影响。公众参与和咨询是规划和 SEA 的基本要素。必须清楚地表达生态系统服务(ES)的概念，才能提高利益相关者的认知、传播意识，理解对它的看法。

阶段 E：监控规划或项目实施对环境的重大影响

在通过并批准了该规划的提案后，开始进入监控阶段，以评估对生态系统服务的改变和影响，并制定适当的措施来处理和应对。生态系统服务可用于验证战略环境影响评价的质量并为影响管理提出解决方案，以在需要时指导规划的实施

在每个战略环境影响评价阶段中集成生态系统服务的逻辑十分明晰，可以确保为政策、规划和程序的制定提供支撑。

下文提出一个框架概要，说明生态系统服务在战略环境影响评价阶段和规划过程中的集成(见表 4.2)。

表 4.2　在战略环境影响评价和规划过程中定义生态系统服务集成

规划过程	战略环境影响评价阶段	生态系统服务集成
范围和目标的确定	制定情境和目标、建立基准并确定范围 定义环境保护目标 收集基准信息 定义环境问题 制定战略环境影响评价目标 在战略环境影响评价的范围中进行咨询	定义生态系统服务的概念框架（供应方和需求方） 收集关键生态系统服务的数据和信息 设定尺度用以引领规划战略 生态系统服务映射
确定用以实现目标的行动	制定并改进可替代方案并评估影响 分析规划或项目的目标是否违背战略环境影响评价目标 制定可替代策略 预测规划或项目的影响，包括可替代方案 评估规划或项目的影响，包括可替代方案 降低不良影响 提出用以监控环境影响的措施	评估城市规划参数 计算缓解和补偿指数 确定可替代的土地利用情景分析>生态系统服务能力以及增量方法
采用上述过程的规划草案	准备环境报告 以适合公众咨询和决策者使用的形式预测规划或项目的环境影响，包括可替代方案	
公众咨询	对规划或方案草案和环境报告进行咨询 就规划或方案草案以及环境报告评估重大变化咨询公众和咨询机构的意见 进行决策并提供信息	为公众参与或咨询进行的生态系统服务映射
对规划目标的认可规划的履行	监控规划或项目实施对环境的重大影响 为监控确定目标和方法 应对不良影响	基于土地利用及土地覆被变化和生态系统服务能力建立一个监控系统 定义管理策略 测试战略环境影响评价的质量

注：改编自文献（Scottish Office of the Deputy Prime Minister，2005）和（Geneletti，2011；2016）。

4.1　重启生态系统服务方法的验证

在本章中，重启生态系统服务方法将作为一个过程接受测试，用以确认所采用的程序是否符合预期，即用以支撑规划策略定义中的决策过程。在这种特定情况下，替代情景分析的验证被认为是战略环境影响评价阶段之一，可以为重启生态系统服务的有效性提供依据。

重启生态系统服务提供了一种实用的方法，用于评估规划决策中预估的土地利用及土地覆被变化的生态平衡。

在处理生态系统服务时，本着基于跨越机构界限的目的，首先需要考虑的是空间尺度。因此，有必要确定谁是决策者。如前所述，生态系统服务是在不同空间尺度上提供的，通常与管理它们的机构不一致，从而使预测空间规划效果变得复杂。

因此，在规划中应用重启生态系统服务超越了机构尺度，因为景观尺度是管理生态系统服务的适当空间参考。景观是所有步骤采用的统一尺度，因此必须一直保持到过程结束，以使整个方法有效。

从实践角度来看，规划决策的领域可以是共同规划的领域，意味着可以有一个多层次治理的共享会议，目的是在共享目标和认知框架的不同利益相关者之间达成共识。在这种特定情况下，景观委员会可以与共同规划会议使用同一工具。

在伦巴第大区，景观委员会可以说是一种工具，其被限定在区域层面[根据第 572/2010 号区域法规建立，由选定的科学专家组成，与景观地区有关(由 RLP 定义)]，在省级和市级(根据第 42/2004 号《文化遗产和景观守则》制定，并纳入《城市规划法》12/2005 版第 81 条)，其目的是：

- 从景观角度(关于形态、类型、视觉、标志、环境影响)保证高质量的城市改造(新城市和建筑物的恢复)；
- 授予景观恢复权限；
- 建议将具有显著公众利益的新房地产作为文化/历史和建筑遗产。

地方当局可以在财团或协会中建立景观委员会，以考虑省级国土空间规划、区域公园的国土空间规划或所选定区域的区域国土空间规划(例如 Piano Territoriale Regionale d'Area dei Navigli，Piano Territoriale Regionale d'area Montichiari)。考虑到景观是最合适的国土空间尺度，景观委员会可以根据预测的土地利用及土地覆被变化决策出适合的场所。实际上，假设景观单元是具有同质的实体结构和形式(例如水系统、文化遗产、人为因素等)，具有共同的形态、地质、土地利用及土地覆被动力学，则每个土地利用及土地覆被的变化都会影响整个景观单元，对单元的稳定性或一致性产生累积影响。

三个级别的景观委员会(区域、省级和地方)可以同时存在,但要具有不同的作用:在市一级,该委员会对于评估城市转型的景观质量或完整性可能很有用,但是新城市转型的选择必须采用景观尺度,这意味着(市或省一级)相关机构需要汇总信息这些景观单元。

需要说明的第二个方面是重启生态系统服务在开发和评估战略环境影响评价替代方案中的贡献。为了验证使用重启生态系统服务方法表达的可能性,必须针对一个转型区域(从先前作为示例案例研究而选择的十个转型区域中进行挑选)进行替代方案分析测试:阿比亚格拉索市的 ATS 2。

从理论上讲,实施情况非常明显,但是有必要实际验证重启生态系统服务的真正潜力。实际上,如果重启生态系统服务的过程已经明确,那么对替代方法的评估则成为唯一未经验证的内容。

考虑到三个可能的预期,进行了替代方案分析:

• 时间 $0(T_0)$:转型区域的当前状况,表示最新状态。

该分析与已经在重启生态系统服务方法的先前步骤中阐述的内容相对应。使用由生态系统服务能力中的生态系统服务映射对当前状态进行分析。按以下顺序进行:(1)ATS 2 的卫星照片;(2)四个生态系统的地图:生境质量、碳固存、作物生产和娱乐潜力;(3)用前四幅地图的加权总和分析计算出生态系统服务能力(图 4.1)。

在时间 T_0 中,ATS 2 生态系统服务能力的加权平均值是 0.272,对应中等价值(第 3 层)。除了重启生态系统服务"步骤 6"中定义的缓解类别,生态系统服务能力还估计了 $M_i(0.175)$ 和相对 $C_i(0.246)$。如前所述,建议采取的适当措施是补偿,更进一步的措施是修复。

• 时间 $1(T_1)$:对应于可能的城市转型导致的压力状态。在这种情况下,城市规划参数(UPP)由《阿比亚格拉索城市规划》定义,考虑了所选的转型区域。

情景分析包括生态系统服务映射(生境质量、碳固存、作物生产和娱乐潜力),基于土地利用及土地覆被修正模型,考虑了 UPP 和总体规划中由"马里诺尼建筑公司"详细阐述的参数。在新的生态系统服务映射上,使用加权总和分析对生态系统服务能力进行量化。下面显示了为 ATS 2 定义的规划参数和 2011 年 7 月制定的总体规划图(见图 4.1、表 4.3、图 4.2 和图 4.3)。

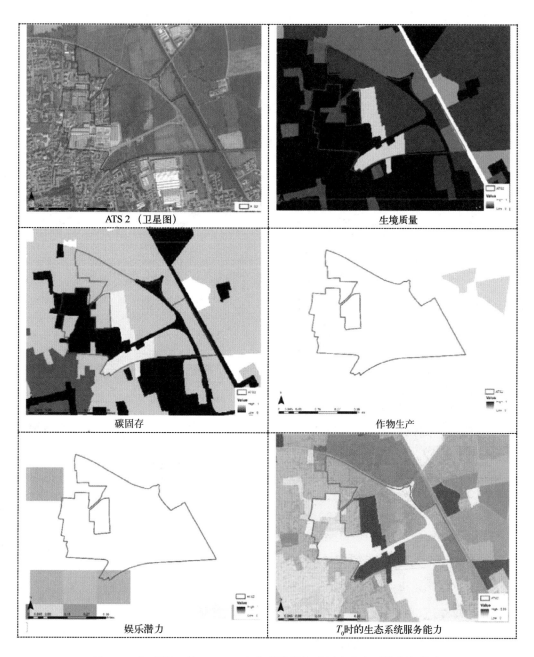

图 4.1　在时间 T_0 的 ATS 2：生态系统服务映射和生态系统服务能力

表 4.3　当地城市规划中 ATS 2 定义的规划参数

市政实施计划		表面	土地率		可建造性		
		表层土地/mq	最低土地占比 mq/mq	最高土地占比 mq/mq	渗透面最低 % S. T	容积量 mc	总建筑面积 mq
公园路	ATS 1	401 218. 00	0. 20	0. 40	62 799. 00	280 774. 00	160 487. 00
ex S2	ATS 2	526 793. 00	0. 20	0. 40	82 412. 00	382 451. 00	210 771. 00
FE. S 站	ATS 2.1	28 529. 00	0. 20	0. 40	4 350. 00	22 594. 00	11 412. 00
东南方向	ATS 3	258 460. 00	0. 20	0. 50	19 385. 00	426 468. 90	129 233. 00
门多西奥	ATS 4	138 263. 00	0. 20	0. 50	10 370. 00	228 135. 60	69 132. 00

市政实施计划		土地特征		相关参数				
		vf150×40 mq	土地面积 mq	土地指数 me＝mq	土地指数 mq＝mq	降低比例 (%)	当前覆盖率(%)	当前指数 (%)
公园路	ATS 1	87 224. 00	313 994. 00	0. 72	0. 39	27. 78	0. 00	0. 00
ex S2	ATS 2	114 735. 00	412 058. 00	0. 72	0. 40	27. 84	0. 00	0. 00
FF. S 站	ATS 2.1	6 778. 00	21 751. 00	0. 79	0. 40	31. 16	0. 00	0. 00
东南方向	ATS 3	64 617. 00	193 850. 00	1. 69	0. 50	33. 33	0. 00	0. 00
门多西奥	ATS 4	34 566. 00	103 697. 00	1. 65	0. 50	33. 33	0. 00	0. 00

资料来源：文献 Urban plan of Abbiategrasso(2010)。

按以下顺序进行：(1)ATS 2 总体规划；(2)四个生态系统服务的地图：生境质量、碳固存、作物生产和娱乐潜力；(3)用前四幅地图加权总和分析计算出生态系统服务能力。

结果显示为 ATS 2 的生态系统服务能力值降低，即 0.022(等级 1~低级)。生态系统服务能力显著降低(从 T_0 的 0.27 到 T_1 的 0.022)。

正如在 UPP 清单中已经验证的那样，M_i 为 0.175，相对 C_i 为 0.246，突出表明了需要进行补偿用以恢复受损的能力。

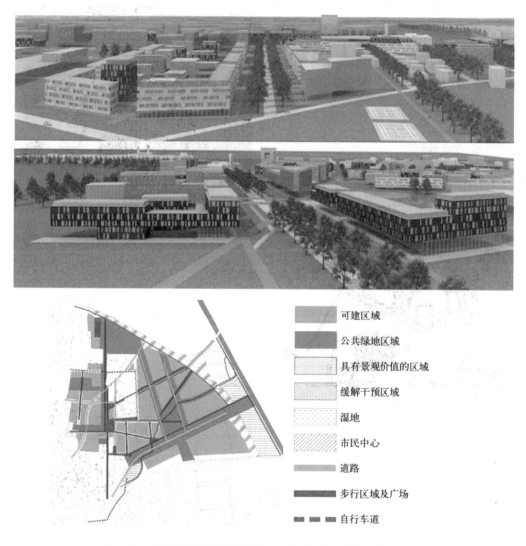

图4.2 ATS 2区域的总体规划：3D渲染(上)和城市模型(下)

资料来源：Relazione，Ambito di Trasformazione Strategica ATS2 Progetto urbano coordinato，July 2011. 可从 http：//www. legambienteabbiategrasso. org 查到。

● 时间 2(T_2)：考虑到先前 T_1 情景中加权生态系统服务能力的降低，作者采用最后一种情景，通过应用基于 UPP 的缓解措施，使用重启生态系统服务以试图平衡新城市转型(居住)的必要性。

T_2 情景从以下假设开始：不可能应用补偿措施，正如经常发生的，这种不可能应用有多种原因，除其他原因，基本是因为区域补偿的经济不适用或缺乏可以"承接"此类干预措施的公共区域。只有采用缓解措施(通过 UPP)才能验证重启生态系统服务方法。实际上，当重启生态系统服务建议进行补偿时，这种验证在

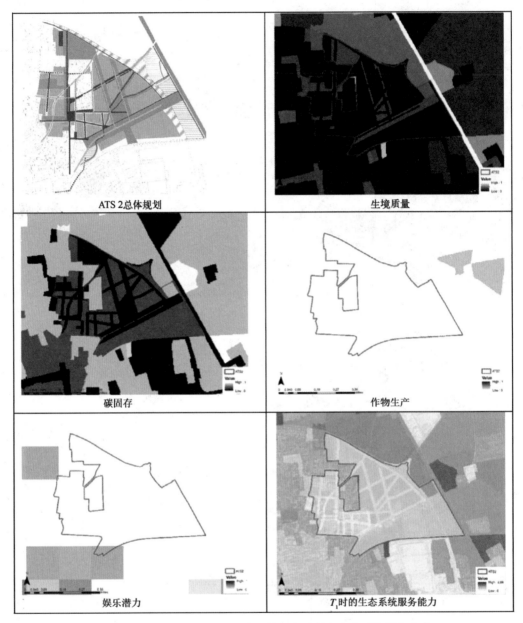

图 4.3　时间 T_1 的 ATS 2：生态系统服务映射和生态系统服务能力

辨别所采取的补偿措施是否足以恢复损害时非常有用。

最后一种情况旨在以简化的方式验证重启生态系统服务方法，从而提供一种涉及此类缓解措施的新型土地利用及土地覆被(LULC)。

该过程需要基于新的土地利用及土地覆被和生态系统服务能力的估算进行生态系统服务映射。

方案 T_2 包括仅集中在转型区域东部的新居住区，其特征是"连续的城市纹理——LULC 代码 111"，该区域专用于设置运动和休闲设施以及绿色空间。在城市转型的右侧区域，将保留现有的自然区域（LULC 代码 324），并在新的居民楼和现有道路之间创建一个"过渡区域"。

该地区希望通过创建适当的植被类型（沼泽和灌木丛）来保护两个次生水体。最后，ATS 2 的东南部将专用于林地灌木和天然草地，以创建功能性的生态保护区来保护湿地（ATS 2 的外围并且位于北部）。

该地区考虑了三种基本的缓解方法：

- 林地和灌木的面积应为 110 000 m^2，此外还有现存的林地和灌木；
- 停车场应具有可渗透表面，面积为 5 000 m^2；
- 树木行长度为 546 m。

考虑到情景 T_2 中采用了缓解措施，情景 T_2 中的最终生态系统服务能力为

$$T_0 > T_2$$

在时间 T_0 采取的措施不足以恢复生态系统服务能力值

$$T_0 = T_2$$

达到平衡条件，意味着采用的措施可以完全弥补损害

$$T_0 < T_2$$

改善条件意味着该措施可以完全取代生态系统服务能力，从而决定生态系统服务的提供及其功能的升级。

考虑到为了恢复 ATS 2，重启生态系统服务提出的措施是补偿，这种情况可能是第一个条件，即 T_0 中的生态系统服务能力的完全恢复不可以仅通过缓解来实现，还必须与补偿相结合（图 4.4 和图 4.5）。

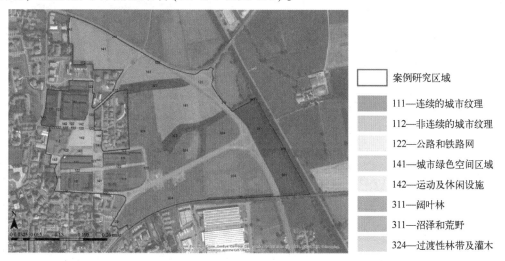

图 4.4　ATS 2：作者关于新城市规划模式的提案

145

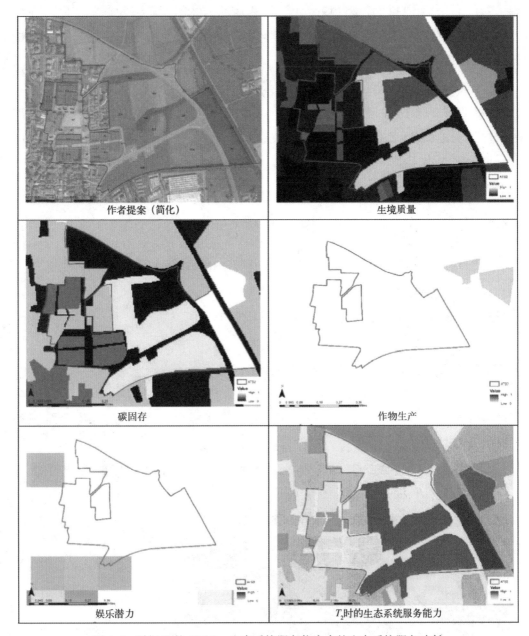

作者提案（简化）

生境质量

碳固存

作物生产

娱乐潜力

T_2时的生态系统服务能力

图 4.5　时间 T_2 的 ATS 2：生态系统服务能力中的生态系统服务映射

　　下面提供了考虑此土地利用及土地覆被数据库的生态系统服务映射。

　　在时间 T_2 处，ATS 2 生态系统服务能力加权平均值为 0. 17（2 级～中低级）。考虑到重启生态系统服务方法进行的详细情景分析显示，由于包括 UPP 在内的 AT 的不同设计（用于降低情景 T_1 中的影响），生态系统服务能力值发生了变化。在情景 T_1 中，生态系统服务能力的显著下降要求采用补偿措施以重新建立一致的生态系统服务，这不能确保生态价值的完全恢复，但是随着不同的城市改造设计，生态系统服务能力(建议 T_2)会提升。此外，增加此类缓解措施，最终价值可能得到进一步提升(图4.6)。

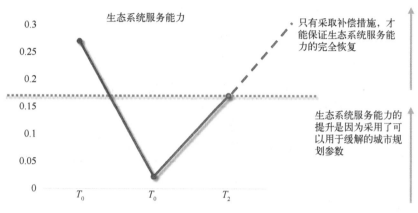

图 4.6　在三种可替代情景分析(T_0、T_1、T_2)中的生态系统服务能力趋势

图4.6表示，根据现有技术，在时间 T_0 时的生态系统服务能力会受到压力的负面改变或影响，从而影响城市规划(时间 T_1)中设定的规划参数。为了恢复它，本研究对重启生态系统服务方法进行了验证，以提供采取缓解措施的不同方案，即使该方法建议将补偿作为要采用的适当措施。

结果表明，生态系统服务能力已部分恢复，因此重启生态系统服务提出的建议与成果相吻合。为了在生态系统服务能力完全恢复的情况下获得平衡状态，有必要采取补偿。这些考虑因素可以验证重启生态系统服务及其选择适当的增量操作在恢复生态系统服务方面的潜力。采用 UPP 进行地区转型对于确保提供某些生态系统服务至关重要，但如果影响很大，则必须采取补偿措施来进行平衡，否则面临的风险是只能恢复部分功能。重启生态系统服务提出了适当的措施用以实现转型区域导致压力的生态平衡。在方案 T_2 中，所建议的操作显然是正确的。

4.2　缓解和补偿措施的经济可行性

采取缓解和补偿措施来恢复某个地区提供生态系统服务的能力主要取决于运营商(私人或公共)的财务水平。

如前所述，由于各种原因而无法采取补偿措施的情况非常普遍，其中之一是无法对目标区域进行补偿，或者主管部门缺乏可以提供"承接"此类干预措施的公共场所。考虑到运营商的财务状况，尝试采用能够将恢复损害和经济适用结合在一起的解决方案是有利于他们的。

显然，一项措施的经济成本与环境损害之间具有直接联系。实际上，这意味着损害的增长与将要实施的干预措施的类型、数量争相对应。实施缓解和补偿措施的可行性与运营商愿意支付的财务承诺严格相关。继续研究有关恢复生态系统服务缓解/补偿措施的经济成本论文，提出了一些有效估算经济成本的措施。对于组成 UPP 分析[①]的每个类别，都提出了此类项目的干预措施。该清单并不详尽，但考虑了一些可能适用于 ATS 2 案例研究的措施。这是对所采取措施成本进行实际估算的必要条件(表 4.4)。

表 4.4　缓解措施的参数费用

参数费用(欧元)		
类别 3　绿色空间和水循环		
缓解措施	植物净化	结构干预：3 500 欧元
		植物配备：2 000 欧元
	蓄水池回收	4 000~5 000 欧元
	灌木(三行树木和灌木)	20 欧元/m²
	树木行所栽树木	60~120 欧元，取决于树木的类型
类别 4　公共空间		
缓解措施	绿色屋顶	结构干预：4~40 欧元/m²
		植物配备：8~200 欧元/m²
	步行道	12 欧元/ml
	噪声隔离墙	500 欧元/m²
类别 5　辅助功能		
缓解措施	树木林荫道	道路：15 欧元/ml
		植物配备：60~120 欧元，取决于树木的类型
	自行车道(带有级别、公共照明、标牌)	道路两侧都是单向的：30.28 欧元/ml
		一侧道路是双向的：22.52 欧元/ml
	自行车等级	9 辆自行车为 388 欧元
类别 6　城市热岛效应		
缓解措施	步行道两侧为树木	
	连接混凝土的透水铺装	30 欧元/m²

资料来源：作者根据米兰大都市区的国土空间规划(2013)进行的阐述，"Repertorio delle misure di mitigazione e compensazione paesistico-ambientali"(Catalogue of landscape and ecological mitigation and compensation measures)；Prezzario per i lavori e le opere pubbliche di Regione Lombardia(2011)；Agenzia delle entrate, valori medi dei terreni agricoli e naturali(2015)"。

---

① 未考虑定性标准分析的类型 1 和类型 2，因为在当前情况下指的是 AT 的位置和类型。

考虑到这些参数成本和方案 T_2 中采用的缓解措施，可以计算以下经济成本：

- 110 000 m^2 的林地和灌木：110 000 m^2×20 欧元/m^2 = 2 200 000 欧元
- 5 000 m^2 具有可渗透表面的停车场：5 000 m^2×30 欧元/m^2 = 150 000 欧元
- 树木行长度为 546 m，树木间距为 7 m，共有 78 棵树，采用的参数费用为 60~120 欧元，中值为 80 欧元，78×80 欧元/棵 = 6 240 欧元

缓解措施的经济成本测算为 2 356 240 欧元。

考虑到方案 T_2 中采用的假设，缓解措施无法恢复时间 T_0 的生态系统服务能力，因此有必要采用补偿措施。下面提供了一些可能的补偿措施，以区分恢复和更换类型以及参数费用(表4.5)。

表 4.5 补偿措施的参数费用

参数费用(欧元)		
恢复		
补偿措施	野生动物地下通道	结构干预：15 000~20 000 欧元 在两车道的道路下通过 植物配备：400 欧元/m^2
	绿色桥梁	结构干预：10 000 欧元/ml 植物配备：2 000 欧元/ml
	农业区域的征用	15 欧元/m^2
	灌木(三行树木和灌木)	20 欧元/m^2
替换		
补偿措施	对河流和水体进行自然恢复	河岸区域为 30 欧元/ml 河边区域为 170 欧元/mc
	对矿山、采石场进行恢复	河岸区域为 30 欧元/ml 矿边区域为 170 欧元/mc
	灌木(三行树木和灌木)	20 欧元/m^2

资料来源：作者根据米兰大都市区的国土空间规划(2013)进行阐述，"Repertorio delle misure di mitigazione e compensazione paesistico-ambientali"(Catalogue of landscape and ecological mitigation and compensation measures)；Prezzario per i lavori e le opere pubbliche di Regione Lombardia(2011)；Agenzia delle entrate，valori medi dei terreni agricoli e naturali(2015)"。

假设本研究除了缓解措施还采用了补偿措施，完全恢复了方案 T_1 对生态系统服务能力造成的损失，选择了三种典型的补偿措施：

- 选用 ATS 2 附近的灌溉天然草地作为造成破坏的地点，该区域的面积为 22 000 m^2，22 000×9.77 欧元/m^2 = 214 940 欧元(征用价格低于表4.4 中的建议价格，因为它们被调整为米兰省土地利用及土地覆被估算的价格)。

● 在面积为 10 000 m² 的林地和灌木丛区域进行补偿，10 000×20 欧元/m² = 200 000 欧元。

● 设置两个野生动物地下通道，以确保从 ATS 2 到基础设施系统地下通道作为生态走廊。

结构干预：17 000 欧元×2 个 = 34 000 欧元

植物配备：

第一处地下通道 100 m²，100×400 欧元/m² = 40 000 欧元

第二处地下通道 50 m²，50×400 欧元/m² = 20 000 欧元（图 4.7）。

> 补偿措施的经济成本测算为 508 940 欧元。

对缓解和补偿措施的经济成本实施的案例分析表明，重启生态系统服务应用流程包括对可能影响生态系统服务能力的事前估算以及为恢复该能力而采取的适当措施，需要的财务能力。

重启生态系统服务方法可根据运营商的经济可能性并在生态系统服务能力的基础上对转型进行"校准"。应用重启生态系统服务方法以一种可行的方式进行了估算，以便在土地利用及土地覆被变化可能引起损害之前以及在采取补救措施之前对其进行验证，并就干预措施的潜在经济成本提供建议。

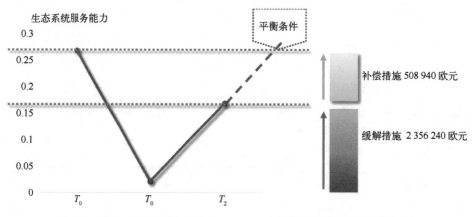

图 4.7 考虑三种可替代情景（T_0、T_1、T_2）缓解和补偿措施的经济成本

4.3 结 果

重启生态系统服务方法的验证基于一个研究区域案例，首先在情景分析中建立对生态系统服务供应的预期变化模式（基于生态系统服务能力），随后实施特

定的策略或建议。这种与服务"静态"评估相反的方法，有助于了解采用或未采用建议战略行动对未来生态系统服务能力可能导致的变化趋势，能够从环境角度验证最可持续的解决方案并在设定可能的替代方案中增加缓解措施。

重启生态系统服务方法适用于战略环境影响评价目标以及杜因克和格雷格定义的"具有特色的练习"（Duinker and Greig，2007），意味着对未来可替代方案的探索能够在信息不确定和缺少的情况下为决策过程提供支撑。

考虑到以上阐述的不同战略环境影响评价阶段，重启生态系统服务被塑造为一个"盒子"，能系统地将战略环境影响评价的所有主要目标结合在一起，以便：（1）以线性方式收集和组织特定数据/信息；（2）解决关键问题，例如尺度定义和关键生态系统服务的选择；（3）界定战略选择（战略环境影响评价指令要求，但未规定使用的强制性标准或未提供对评估方法和手段的规定）；（4）为制定缓解和补偿措施提供一种可操作的方法。

通过重启生态系统服务，战略性环境影响评价的所有目标都不能通过随意或自由的方式解决，而是通过一种结构"锁定"战略性环境影响评价中能够以切实可行的方式以真正有效地支持决策者。

被质疑的内容：（1）生态系统服务在战略环境影响评价中整合的有限性；（2）战略环境影响评价与生态系统服务之间协同作用存在问题，这与规划制定者和决策者的影响有关；（3）采用重启生态系统服务的方法能否保证考虑各种替代方案的战略环境影响评价的有效性。

重启生态系统服务中一个步骤与另一个步骤之间的紧密联系使生态系统服务集成的主观性和自由性降低，而它们本身就是影响评估的中心和关键主题。

此外，采用该方法可确保在规划和评估过程中纳入生态系统服务考量，并使整个战略环境影响评价的流程更加有效，并赋予其新的可操作性，从而解决了传统决策过程中被批评的缺少战略环境影响评价的弊端。重启生态系统服务的使用需要转变观念，即基于纳入生态系统服务且将其作为战略环境影响评价的关键主题，并以积极主动的方式为战略环境影响评价研究前景奠定基础，该方法可以真正指导规划过程中确定优先事项，并针对目标（可信且可实现）系统地管理影响评估程序。

参考文献

Baker J, Sheate W R, Phillips P, Eales R (2013) Ecosystem services in environmental assessment—elp or hindrance? Environ Impact Assess Rev 40: 3-13. https://doi.org/10.1016/j.eiar.2012.11.004.

Duinker P N, Greig L A (2007) Scenario analysis in environmental impact assessment: improvingexplorations of the future. Environ Impact Assess Rev 27: 206-219. https://doi.org/10.1016/j.eiar.2006.11.001.

Geneletti D (2011) Reasons and options for integrating ecosystem services in strategic environmental assessment of spatial planning. Int J Biodivers Sci Ecosyst Serv Manag 7: 143-149. https://doi.org/10.1080/21513732.2011.617711.

Geneletti D (2016) Handbook on biodiversity and ecosystem services in impact assessment. Elgar.

Geneletti D, Bagli S, Napolitano P, Pistocchi A (2007) Spatial decision support for strategic environmental assessment of land use plans. A case study in southern Italy. Environ ImpactAssess Rev 27: 408-423. https://doi.org/10.1016/j.eiar.2007.02.005.

Parliament European (2001) Directive 2001/42/EC of the European Parliament and of the Council of 27 June 2001, on the assessment of the effects of certain plans and programmes on the environment. Off J Eur Communities 197: 30-37.

Scottish Office of the Deputy Prime Minister (2005) A Practical guide to the strategic environmental assessment directive. London.

结　论

本书探讨了规划和生态系统服务之间的动态关系，阐明了将它们整合的关键技术和方法。

尽管由于技术方面的原因可能排除、影响或限制将生态系统服务纳入规划中（其中许多是尺度问题、缺乏数据、缺乏生态系统服务结构化方法），但是，有必要改变传统规划中应用的环境问题解决方法，需要将生态系统服务与人类需求和福祉结合起来。

生态系统服务与环境密切相关，通常被认为是同义词，而没有看到其在政治和决策中的生态、经济和社会等特性。

生态系统服务的跨学科性质是建立在人本位基础上的。事实上，生态系统服务概念提供了一个机会，即重新将自然概念化为一种基于人类的认知，理解人类在互惠关系中对地球生命支持系统的依赖。

规划视角的重大变化源于生态系统服务的纳入，这与生态系统服务概念的人本位框架有关，生态系统服务概念是将人与自然结合在一起的"平台"。人本位的框架是生态系统服务的原则基础，这一概念的提出将引导生态系统服务纳入规划过程以及确定合适政策工具的过程。

此外，规划的主要目标之一是通过可持续发展来改善人民的生活，同时保护地球的生命支持系统。

生态系统服务评估可以是平衡人本位效应与生态目标的一种方法，两者往往是独立考虑的，有时甚至是对立的，前者并未充分考虑与后者的整合以及后者对前者带来的真正影响。此外，战略环境影响评价过程中的分析和评估往往侧重于环境意图，即收集与不同组成部分（水、空气质量、自然等）有关的数据和分析，而没有与人进行联系。对战略环境影响评价的质疑声音也由此产生，也就是说，人类福祉和生活质量的分析对规划过程的贡献降低，相反，纳入环境的评估通常只考虑人的健康和安全。这两个方面显然是基本的要素，但并不是规划中需要管理的仅有的两个方面。

生态系统服务的剩余价值来源于这一概念：即从人类角度去考虑环境，实际产生的生态系统服务价值取决于自然和人类的贡献。

生态系统服务概念的应用意味着要根据生态系统提供服务的能力作出决定，并在规划和决策过程中考虑特定服务者的不同偏好。

从这一角度考虑，生态系统服务是有益的概念，它提供了一种基于累积效应的框架，为传统环境问题的解决提供了一个更完整的解决方法。事实上，通过这种方法，使环境问题不再是一个孤立的、使用特定参数单独评估、没有实际验证的问题。

生态系统服务是一种统一的理论，有助于更清楚人类福祉和生态系统状态之间的关系。这种方法也是向政策制定者和决策者提供更好信息的一种方式，因为他们以改进自然保护方面的决策为目的，加深了人们对生态系统提供的各种益处的认识。

名为"重启生态系统服务"的应用示例提供了一种方法，即通过决策过程使我们对生态系统(本地和异地)的依赖变得明显，并更好地在决策过程中考虑其必要性。

此外，重启生态系统服务将生态系统服务作为改善对象，在规划目标中采用了增量措施(限制、缓解和补偿)的方法论理念。这些措施提供了一个框架，明确且一致地处理计划进行时规划条款对生态系统的影响，并通过保护、保存和恢复措施缓解这些潜在影响。

增量措施是保护生态系统服务中自然和环境的重要手段，但当对生活质量和福祉产生明显影响的资源枯竭的时候，它们的价值和意义显得更为重要。

重启生态系统服务定义了如何采用系统及组合的方式来使用增量方法，其也是一种将生态系统服务纳入规划中的方法。此外，重启生态系统服务通过空间上明确的分析，从而对生态系统服务供应进行管理，同时改变了传统上难以向决策者提供土地利用及土地覆被信息的现状。事实上，明确城市发展导致的空间变化对生态系统服务供应的影响，以及因此对人类福祉所造成的累积影响，可以通过规划决策过程中提供相应证据以提高公众对此方面的认识。

空间上的生态系统服务映射分析表明了不同政策将如何影响城市发展和生态环境(在专门用于验证的章节中进行了明确说明)。

当然，如今科学和研究已经在认识生态系统服务方面取得了相当大的进展，有助于明确一些已经存在但长期以来没有得到大众认可的理念。生态系统服务的研究进展加强了这一理念，也促进了相关理论发展且提高了公众对此的认识。

尽管如此，最重要的是不仅要凸显生态系统服务的重要性，而且要研究规划和实施中的不确定性。

如本书第一章所述，生态系统服务的概念出现已久。这意味着这个概念不是新提出的，而且也不是最近才有的。最近，人们认识到生态系统在规划中的作用，认识到它在生态学科中的重要性。目前，这一过程尚未完成，因为生态系统服务的概念被认为是抽象的，其对于实际规划而言过于复杂。

事实上，即使生态系统服务是可见的，并且提供的益处是有形且真实的，但我们意识上也没有为这种变化做好（充分的）准备或者接受它。在解决环境问题上也存在类似的困惑，文化和社会方面的现状（战后意大利的紧急状况、城市规划的初步经验、20 世纪 50 年代及 60 年代随着城市化进程的加快而出现的经济发展……）限制了人们对环境的保护意识。

此外，生态系统和相关服务的衰减并不总是被视为优先考虑的事项，也不是人类福祉所必需的。

如今，生态系统服务的概念、方法和实践得到了很好的发展（即使这类研究目前仍在进行中），最初的信息不足也得到了弥补。

生态系统服务的存在及其相关性毋庸置疑。因此，假设将生态系统服务及其相关动力学视为一项核心原则，那么目前仍在进行的是生态系统服务方法在规划中的应用研究。这可能会引起争议。

考虑到这一基本原则，本书有意将重点放在生态系统服务在规划中的应用上，考虑了"容纳"生态系统服务概念并"使用它"作为可能的框架之一，去解决一些尚未找到合适或令人满意的解决方案的悬而未决的问题，例如环境问题。

为什么需要在规划中纳入生态系统服务？为什么生态系统服务不能被整合到另一个学科中，例如那些在环境方面更具系统化的传统学科？

生态系统服务必须由可能对其供应产生潜在影响的学科考虑。

在过去的 50 年中，人类迅速而广泛地改变了生态系统。这些影响大多与土地利用及土地覆被变化有关，土地利用及土地覆被变化被认为是导致全球环境条件恶化的主导因素之一，也是生物多样性丧失的主要驱动力。规划包括可能涉及土地利用及土地覆被变化的决策。因此，环境保护区的维护、损害、保护或恢复取决于其在规划过程中的重要性。此外，人类福祉和生活质量的提高是规划的核心问题，而这些问题的改善与可持续发展密切相关，如果在决策过程中没有对可持续发展进行充分考虑，就无法解决上述问题。

基于生态系统服务的概念和方法可以在相对成熟的相关学科中加强，但在仍然相对欠缺研究的学科中，需要更深入的考虑。

土地利用及土地覆被的规划和相关决策会影响生态系统服务，因此，将生态系统服务纳入决策支撑工具中具有重要意义。

生态系统作为环境的一个组成部分支撑着人类的生命，它依赖于环境的存在和改善。环境和人类之间的关系已经很明显，因此人类的福祉取决于生态系统的运行方式。

从这一角度考虑，需要在整体框架内统筹考虑人类的需求和生态系统。可持续发展原则（在环境评估的基础上，两者之间还存在战略环境影响评价）必须与影响生态系统服务的责任原则和人类福祉相结合。规划者和决策者必须优先承担社会责任，将重点放在提升生活质量和人类福祉上，以管理生态系统服务和影响它们的驱动因素。

生态系统服务有助于更清楚地理解基于生态系统服务的规划决策所产生的影响（可替代方案分析就是一个例子），并有助于保障城市居民的生活质量。

决策者的社会责任在于必须专注于制定和实施应对措施，并将其付诸实践，以避免对生态系统服务造成影响。保持生态系统服务意味着我们已经认识到将人类福祉作为规划优先目标的重要性。

生态系统服务作为规划策略和决策过程的主要方法，可以使决策者从规划开始阶段就将人类福祉纳入保护实践。这一改变基于重启生态系统服务理论。这一理论作为生态系统服务的主要焦点，成功推动了传统理念的革命，并将所有相关主题都包含并纳入了这一理念。生态系统服务方法不是对传统方法的补充，而是提出了一种新的方法，这包含了当前的公共政策和公众意识的改变，并通过提供明确的补偿以供决策者使用。